JN051686

地下世界をめぐる冒険

闇に隠された人類史

UNDERGROUND

: A HUMAN HISTORY OF THE WORLDS BENEATH OUR FEET

by WILL HUNT

Japanese translation rights arranged with

Will Hunt c/o Stuart Krichevsky Literary Agency, Inc., New York

through Tuttle-Mori Agency, Inc., Tokyo

両親に、本書を捧げる

自然は隠れることを好む

――ヘラクレイトス断片集より

挨拶——日本語版に寄せて

秋庭俊（あきばしゅん）という日本の作家と、東京の街路の下に存在するかもしれない秘密の地下都市の物語を自分がどう知ったのか、今はもうはっきり覚えていない。二〇〇七年頃、夏のニューヨークだったと思う。私は都市の地下に隠された世界の探検を趣味にしている人たちと出会い、彼らといっしょにブルックリンとマンハッタンの街路の下を探検しはじめた。下水管を渡り、列車のトンネルを探検し、地下鉄の線路を駆け、探検者たちが〝ゴースト駅〟と呼ぶ、廃棄されたプラットホームを探し求めていた。あれは私とニューヨークの街との関係、いや、私とあらゆる風景との関係が急激な変化を遂げていた時期だった。

いずれにせよ、インターネットをいじくった結果だったか、あるいは他の都市について語るベテラン探検者の話に耳を傾けた結果だったか、あるとき私は秋庭俊のことを知った。ジャーナリストで戦地での取材歴もある彼が東京の古本屋を巡っていたとき、戦前の東京の珍しい地図に出くわした。ここで彼は興味深いものを目にする。現在の地図の横にその古地図を並べてみたところ、彼が〝異様〟と呼ぶ一連の矛盾に気がついた。ある地下鉄の路線が一見なんの理由もなく引き直されているように思えたのだ。

彼は調査を開始し、地下鉄建設の歴史を詳しく調べた。東京の街路の下には、政府が国民から隠している大きな基幹施設網があったのだと、彼は信じるに至った。説明のつかない空きスペースから成る、巨大な空間だ。国会議事堂前から始まる地下鉄のトンネルが、必要以上に深い場所に掘られているようだった——秘密の構造物を迂回しているかのように。国会議事堂には、その場に不釣り合いなくらい大きな地下の足跡が残っている。東京ドームにも。首相官邸にも。他にもまだあるかもしれない。東京の地下には地上の都市と並行する秘密の影の街があるのだと、秋庭は信じた。彼が質問を投げるたび、当局者は防御と疑いの姿勢を強め、調査は妨害を受けたという。彼は『帝都東京・隠された地下網の秘密』（新潮文庫）という著書で仮説を展開した。自分の足もとで何かが起こっていたのだ——間違いない、と。

当時の私にとって東京は、はるか遠くのなんの縁もない都市だった。十代の頃、東京が舞台として設定されたビデオゲームで遊んだことを除けば、考えたことさえなかったかもしれない。しかし、この話は私の心を強くとらえた。今にして思えば、私が当時ニューヨークに感じていた本質的なことに重なっていたのだ。ニューヨークの地下へ進出しはじめた頃、自分は秘密と謎に満ちた場所で暮らしているのではないかと、突然気がついた。秋庭のように政府の陰謀こそ追及しなかったが、彼が東京で経験したのとおそらく同じようなことを、私はニューヨークに感じていた。熱に浮かされたように、地表に不信感を抱いた。目に見える表層的なものに対して懐疑的になった。どの歩道にも秘密の空洞が隠されていて、暗い階段の底にある扉はどれも隠された別の層へ続いているのだと、私は確信していた。

ある日、ブルックリンの住宅街で、一軒の褐色砂岩（ブラウンストーン）張りの建物に出くわした。通り沿いに立つ同じような建物と見た目は変わらないが、一点だけちがっていた。窓が黒く塗られ、玄関ドアは工業用の地味な黒い鋼板だった。これは偽（にせ）の建物、つまり、地下鉄系統の通気孔を隠すために市が建てた擬装用の構造物だった。市全体がそんな感じだった。自分の内なる羅針盤が変化をきたし、目の焦点が絶えず下へ向いた。立ち止まって下水溝の格子をのぞかずには一街区（ブロック）も歩けなくなった。午後はずっと地下鉄に乗り、窓ガラスに額を押しつけて、廃棄されたプラットホームがないか外の暗闇に目を凝らした。秋庭と同じく、私も、自分の住む都市には目に見えないものが存在するという感覚に取り憑（つ）かれていた。

それから十年くらいかけて、ニューヨークと世界の遠い片隅を往復しながら地下をめぐった。約二十カ国を訪れ、パリの下水道、オーストラリア奥地にある古代の赤黄土（レッド・オーカー）採掘場、カッパドキアの地下都市も探検した。人生の他の何よりも時間をかけて、都市の下でトンネルが描く複雑な模様や、採掘坑の曲がりくねった通路、音が反響する洞窟の暗闇について考えた。歴史上の人々が暗い空洞についてどんな話を物語り、どんな夢を見ていたか調査した。これらの空間がいかにして私たちを拒絶し、私たちの心を魅了してきたか。非常時にどうやって地下へ逃げ込み、宝物を探すために地下への穴をどう掘ったか、地下にどうゴミを埋め、霊的超越を求めてどう暗闇へ足を踏み入れたか。地下における最古の儀式が行われていた洞窟に足を踏み入れ、もっとも現代的な都市の下を走るトンネルを探索した。

結局、私は東京へ調査に赴くことはなかった。秋庭俊に会ったこともない。国会議事堂前のトンネルに目を凝らして、カーブの向こうに何が隠れているのかと考えたこともない。それどころか、彼の暮らす都市の街路の下に何があって、何がないか、私はほとんど知らない。秋庭俊は英雄的な真の探究者なのか、変人なのか、人々からまったく無視されているのかも知らない。しかし、旅と探検に身を投じるうち、私は行く先々で秋庭俊と同じような人たちに遭遇した。自分たちに見えないもの、目が届かないもの、探知できないものの虜（とりこ）になった人々だ。

ナポリでは、あちこちに音が反響する古代の貯水槽の広大なネットワークが近所の地下にあることを知り、その探検に人生を捧げてきたイタリア人男性に出会った。彼といっしょにナポリの狭い路地を歩くと、X線のゴーグルを着用しているかのようだった。彼は古い教会を指差し、その下に隠されている空洞の形を説明してくれた。パリでは、地下納骨堂（カタコンブ）を愛する地下愛好家（カタフィル）たちと何昼夜か過ごした。都市の地下に広がるトンネルの迷路へ入ることができるマンホールを、彼らは探していた。中米のベリーズとメキシコでは、古代マヤ人が儀式を執（と）り行った洞窟や、聖なる泉（セノーテ）と呼ばれる石灰石の陥没穴を求めて密林を歩き回る考古学者たちと過ごした。彼らは現地で得た洞窟情報にしたがい、過酷な密林を数日歩き通すこともあった。私はここアメリカ合衆国で、地球内部は空洞と信じていたジョン・クリーブス・シムズという十九世紀の博物学者の話を追った。一八一九年、シムズは地中探検のために男性探検隊員を募集し、採用のための面接をした。その人たちのことを本書で書いたが、彼らはみな、この世には目に見えるものを超えた何かがあると信じていた。世界は私たちが認識している以上に、文字どおり奥が深い。

　本書が最初に出版された年、読者からたくさんの手紙をいただいた。自分自身の地下遍歴について美しい話を語るものも多かった。ニュージーランドの石灰石の洞窟周辺で育ち、地下深部に下りては暗闇で一人歌を口ずさんでいたという女性もいた。長年かけてあらゆる都市のトンネル地図を編集してきたという、ワシントンDCの男性もいた。しかし、私が受け取ったもっとも感動的なメッセージ（秋庭俊はとりわけ称賛するだろう）は、バーモント州のリンゴ農家から届いた一通だった。そこには、この本を読んで以来リンゴの木の見方が変わったと書かれていた。枝そのものを見るのでなく、枝と枝の間の何も見えない部分、他の人たちがみな見過ごしている空白部分（ネガティブスペース）にそれまでより注意を払うようになったという。

ウィル・ハント

目次

・本文中の〔　〕は訳注

それは別世界にあるのではなく、この世界にある

ポール・エリュアール

第1章

地下へ

――隠されたニューヨーク

行く先々で、それぞれの気配が感じられる。

玄関から一歩足を踏み出せば、地下を走るトンネルや電線、苔むした水路の気配や、空気の力で書類を送る気送管のたてる鈍い単調な音が、足の裏から伝わってくる。すべてが巨大織機の糸のように絡み合い、重なり合っている。静まり返った通りの端では、換気口の格子から白い蒸気が噴き出ている。浮浪者が住む即席の掘立小屋の下に隠れたトンネルから立ち上っているのかもしれない。世界が崩壊するとき金持ちたちが逃げ込む分厚いコンクリートの地下シェルターから出ているのかもしれない。

静かな牧草地を散歩して、草深い小山に手を当てれば、そこには古代部族の女王の墓が隠れているかもしれないし、曲がりくねった長い背骨を持つ先史時代の野獣の化石が埋もれているかもしれない。

森の小道をハイキングして地面に耳を当てれば、螺旋（らせん）状の小さな通路をめぐらせた大都市を蟻（あり）たちが掘り抜きながら小走りしている音が聞こえるだろう。

山麓の丘を登っていくと、細い割れ目から土臭い匂いが漏れてくるだろう。下に隠れた巨大洞窟がある証拠だ。その石壁には古代の美しい木炭画が描かれている。

そう、どこへ行き、どこを歩こうとも、足もとの深いところから震動が伝わってくる。巨大な岩がたがいに動き、こすれ合って、この惑星を揺らし、震わせている。

もし地球の表面が透明なら、何日も腹這（ば）いになって、何層にもなる不思議な地形をのぞき込めただろう。しかし、太陽が照らす地上の住人にとって、地下は常に見えない世界だった。地下世界を指す「Hell」（地獄）の語源はインド＝ヨーロッパ祖語の「kel」で、「隠す」という意味だ。古代ギリシャ語の「Hades」（冥界）は「見えないもの」という意味がある。今日では、地中探知レーダーや磁石計といった新しい装置が地下を見る助けをしているが、もっとも鮮明な映像でさえぼんやりとしてよく見えず、ダンテと同じ心境に陥る。ダンテは目を細めて深部をのぞき、こう言った。「あまりに暗く深くぼんやりとしているので、どんなに下を見ようとしても、何ひとつ見分けることができなかった」不明瞭であるがゆえに、地下はこの惑星でもっとも抽象的な光景だが、空間というよりは隠喩として用いられることが多い。何かを〝地下●●●〟と呼ぶとき——不正経済、秘密のダンスパーティ、正体不明のアーティストなど——私たちは概して、場所そのものではなく感じを表現している。禁じられたもの、言葉で表せないもの、あるいは知識や日常を超えたものという意味で。

人間は視覚動物であり、詩人でエッセイストのダイアン・アッカーマンによれば、「目は人間の感覚を独占している」ので地下のことなど念頭にない。つまり、私たち人間は地上一辺倒なのだ。著名な探検家たちは外や上の世界を冒険する。人類は月面で跳びはね、火星の火山に探査機を導き、遠い太陽系外の宇宙空間の磁気嵐の地図を作った。しかし、地球深部への接近は簡単ではなかった。地質学者によれば、世界の洞窟の半分以上は未発見で、地殻の中に深く埋もれている。私たちのいる地表から地球の中心まではニューヨーク―パリ間と同距離だが、地球の中心核は一種のブラックボックスと言わざるを得ず、その存在は信じる以外にない。もっとも地下深くまで掘られた穴はロシア北極圏のコア半島掘削坑で、深度は約一二キロメートル。地球の中心までの道のりの一パーセントの半分にも満たない。地下は人間にとって幻の世界で、足もとのどこにでも広がっているのに、常に見えないものなのだ。

しかし、私は少年の頃、地下は必ずしも目に見えないものではないことを知った。特定の人にとっては見えるのだ。両親の本棚にあった『ドーレア夫妻のギリシャ神話』旧版で、オデュッセウス、ヘラクレス、オルペウスなどの英雄の物語を読んだ。彼らは危険を冒して岩だらけの入口を通り抜けると、渡し守カロンの舟で冥途の川(ステュクス)を渡り、三つ首の犬ケルベロスをまんまとまいて、冥界に入った。私がもっとも魅了されたのは伝令神ヘルメスで、羽のついた兜(かぶと)とサンダルを身に着けていた。境界の門番を司る神である彼は死者の霊魂を冥界に導く(〝魂を導く者〟という意味の〈霊魂導師〉という素晴らしい称号を持つ)。他の神々や人間が宇宙の境界を侵すことなく、その区切りにしたがっているのに対し、ヘルメスは光から闇、上界から下界へ自由に往来する。ヘルメスはのちに地下探検に赴く私の守護聖人となるのだが、彼こそはまぎれもない地下探検家だった。明快かつ優雅に暗闇を駆け抜け、地下世界を目撃し、埋もれた知恵を取り戻す方法を手に入れた。

十六歳の夏、自分の世界が指先のように小さく、見飽きたものに感じられた頃のことだ。廃棄された列車用のトンネルが、ロードアイランド州プロビデンスの自宅近くの地下を通っていることを私は知った。最初に教えてくれたアッターという名の科学教師は、小柄で、頬髭(ほおひげ)を生やし、ニューイングランドのあらゆる地形の隠れた溝や水路を知り尽くしていた。彼によれば、トンネルはかつて小さな貨物線として使われていたが、ずいぶん昔の話だという。今は荒廃し、泥とゴミがあふれ、空気はよどみ、それ以上のことは誰にもわからなかった。

ある日の午後、私はトンネルの入口を見つ

けた。歯科医院の後ろにある灌木の茂みに隠れていた。蔓（つた）が絡みついた入口の上のコンクリートには〈一九〇八〉と刻まれていた。市が金属製の門で入口を封印したのだが、誰かが小さな通路を切り開いていた。私は数人の友人と地下へ向かった。懐中電灯の明かりが暗闇を縦横に動く。靴がぬかるみに浸かり、空気は湿っていた。天井には真珠のような乳首形の鍾乳石（しょうにゅうせき）が集まり、私たちの頭上に水滴を落としていた。半分ほど進んだところで、思いきってみんなで順番に電灯を消した。トンネルが完全な暗闇に包まれると、友人たちは大声で叫び反響を試したが、私は息を殺してじっと動かずにいた。動いたら、地面から浮き上がりそうな気がした。その夜、家でプロビデンスの古地図を取り出し、自分たちが入ったトンネルの入口に指を当て、反対側の入口までたどってみた。驚いたことに、トンネルは私の家のほぼ真下を通っていた。

　その夏、長靴を履いてこのトンネルをよく一人で歩いた。何に惹きつけられたのか説明するのは難しいし、特別な使命を感じていたわけでもない。落書きを見たり古いビール瓶を蹴り回したりした。ときどき明かりを消して、神経が逆立つまでどのくらい暗闇の中で耐えられるか試した。

　いずれにしても、このようなトンネル歩きは自分のようなタイプのすることではないかもしれないと思っていた。私は自分に自信のない十六歳で、痩せこけ、図書館長のような眼鏡をかけていた。友人たちが女の子とうまくやりはじめたときも、ペットのアマガエルの飼育箱を寝室に置いていた。他の人たちの冒険を本で読んでいたが、まさか自分がそんなことをするなんて。

　しかし、あのトンネルの何かが私をぞくぞくさせた。夜ベッドに横たわり、トンネルが家の通りの下を通っているようすを想像した。

夏の終わり、激しい暴風雨のあとトンネルの入口を通り抜けると、その先の暗闇から思いがけない轟音が響いてきた。驚いて一瞬引き返そうとしたが、歩きつづけることにした。音は徐々に大きくなってきた。トンネルの奥で音源を見つけた。パイプが爆発したか漏洩したのだろう。天井に入った亀裂から水が滝のように流れ落ちていた。水の真下には、ひっくり返したプラスチックのビーチバケツがひとつあった。隣に、ペンキ用のバケツがひとつ。そのあと、いきなり見えた。石油用ドラム缶、ビール缶、タッパーウェア、ガスボンベ、コーヒー缶などが集まって、巨大な塊になっている。誰かの手で、謎めいた形に並べられていた。水が太鼓のバチのように容器を打って、反響する音色がトンネルじゅうに響き渡っていた。目が釘づけになり、暗闇に立ち尽くした。

それから何年か経ち、あの地下歩きのことなどすっかり忘れていた。プロビデンスの町を去り、カレッジに通っていた。それでも、あのトンネルとのつながりは頭の奥に残っていた。ひと粒の種が発芽し、ひっそりと根を張り、熟して地表に顔を出すまで地面の下で成長するように、トンネルの思い出は心の底で何年かかけて成長していた。後年、ニューヨーク市の地下と一連の予期せぬ出合いを果たしたあと、あのトンネルと謎めいたバケツの祭壇の古い記憶が甦(よみがえ)った。ひとたび息を吹き返した記憶は獰猛に私をとらえて、これまでの想像力を丸ごとひっくり返し、自分を見る目と、この世界に自分が占める位置を根底からくつがえした。

地下の静けさと響きが大好きになった。トンネルや洞窟へ少し入るだけでも、現実からの逃避行のようで心が浮き立った。童話の登場人物が秘密の世界に姿を消すのと似ている。地下ではしばしば人間のもっとも根源的な恐怖と向き合うことになると同時に、トム・ソーヤー風の心躍る冒険を味わうこともできる。私は、街路の下で発見された遺跡や洞窟の奥で行われる儀式など、地下の物語を語るのが好きだ。それを聞いた友人たちの目に浮かぶ驚嘆の色も。何より私が魅せられるのは、地下に引き寄せられた夢想家、空想家、奇人たちだ。彼らはセイレーンの歌のような音を聴き、地下世界を探検し、芸術品を創り、祈りに没頭した。私にも理解できそうな方法、少なくとも理解したいと思う方法で、彼らは妄想に身をゆだねた。暗闇に下りると、非現実的な尺度で悟りを開けそうな気がしてくるのだ。

ここ数年、私は地下探検の資金を求めて研究財団やさまざまな雑誌、出版社を説得し、それを使

って世界各地の地下空間を探検してきた。十年以上にわたって、石質の地下墓地、廃棄された地下鉄駅、神聖な洞窟、核シェルターなどに出かけた。最初は自分の執着を理解するための探索の旅だったのだが、地下へ下りるたびにその風景の奥深さに波長が合いはじめ、そこからいっそう普遍的な物語が浮かび上がってきた。私たち人類は常に地下に引きつけられ、自分の影とつながるように地下世界とつながってきた。私たちの祖先が初めて自分たちの住まいの風景を語りだした頃から、洞窟をはじめとする足もとの空間は私たちを驚かせ、魅了し、悪夢や夢想をもたらした。まるで秘密の糸のように、地下世界は私たち人類の歴史に織り込まれているのだ。霊妙かつ深淵に、私たちが自分に向き合い、己の人間性を理解するための案内役を務めてきた。

地下はゆっくりと、小さな裂け目から姿をのぞかせ、その後一気に現れた。まるで、足もとの落とし戸が開いたかのように。始まりはニューヨークに住んだ最初の夏のこと。マンハッタンの雑誌社に勤め、叔母夫妻と二人の従兄弟（いとこ）ラッセル、ガスとブルックリンで暮らしていた。十代の頃は、自分が将来ニューヨーカーになって、マンハッタンで長い夜歩きを恍惚と楽しみ、あちこちのアパートの窓から洩れる小さな光を見上げているところを想像していたが、実際にたどり着いたのは、この都市に自分は場違いだという感覚だった。群衆の中で縮み上がり、食料雑貨店の店主を前に口ごもり、地下鉄で降りる駅を間違え、ひたすらブルックリンをさまよい歩いた。自分が田舎者のように感じられ、恥ずかしくて方向を訊くことさえできなかった。

ある夜遅く、自分がニューヨークの街にひどく怯えているのを感じながら、マンハッタンの南端で地下鉄を待っていた。夏の夜は奥に引っ込んだプラットホームから花崗岩の匂いがするのだが、そのとき見たものに私は面食らった。トンネルの暗闇から二人の若者がふいに現れたのだ。ヘッドランプをつけ、顔と手は煤で真っ黒で、まるで何日も深い洞窟に潜んでいたかのようだった。二人は足早に線路を進み、私の目の前でホームによじ登り、階段を上って姿を消した。その夜、私は帰宅する列車の中で、額を窓に押しつけてガラスを曇らせながら、地下に隠された蜂の巣状の秘密の空間を想像した。

ヘッドランプをつけた若者たちは都市探検家だった。ニューヨークを拠点にしたゆるやかな連盟のメンバーで、娯楽として街の地下にある立入禁止区域や隠された空間に潜入しているのだ。この連盟は数多くの〝部族〟が集まった王国と言ってもよく、街の忘れられた壮麗な場所を記録する歴史家もいれば、ニューヨークの企業に乗っ取られた場所の象徴的返還を求めて不法侵入する活動家もいた。アーティストもいて、秘密の舞台を組み立て、人目につかない地下層で演技を披露していた。悩みながらニューヨークの街を歩いていた頃、気がつけば夜遅くまで、隠れた場所を写した彼ら探検者の写真を眺めていたものだ。何十年も前に廃棄された地下鉄駅、水道システム内の奥まったバルブ室、埃まみれの放置された防空壕など、どれも異国風で神秘的に感じられた。まるで忘れられた海の怪獣が深い海をなめらかに進んでいるようだった。

いつものように探検者たちの記録を調べていたある夜のこと、自分が手に取り見つめていた写真が、少年の頃にプロビデンスで探検したトンネルを写したものだと気づいてハッとした。もう何年も忘れていたからだ。単線鉄道が暗闇に消える入口に〈一九〇八〉と刻まれていた。この偶然が生んだなんとも言えない親近感に、あやうく我を忘れそうになった。まるで誰かが私の心に入り込んで蓋(ふた)を開け、埋もれた記憶の筏(いかだ)を浮かび上がらせたかのようだった。写真家の名前はスティーブ・ダンカンとわかった。颯爽(さっそう)として、才能豊かで、ひょっとしたら頭のネジが外れているかもしれない人物だ。彼が私を地下へ導く最初の案内人になった。

スティーブとはある日の午後、ブロンクスへの偵察旅行で会った。彼は古い下水管を通り抜ける小旅行をもくろんでいた。私より六、七歳年上で、砂色の髪と青い目を持ち、手足が長く、痩せたロック・クライマーのような体形をしていた。探検を始めたのはコロンビア大学一年生のときで、キャンパスの下にある蒸気トンネル網を忍び歩いたという。ある夜、壁の中の通気孔をのたうつように進み、ぼろぼろの科学装置が散乱した部屋に入った。第二次世界大戦中、〈マンハッタン計画〉〔原子爆弾開発・製造計画〕を孵化(ふか)させるために使われた倉庫だった。部屋の中心にある球根状の青い機械は最初の粒子加速器だ。歴史の奇妙な宝石が目に見えないところに隠されていた。

スティーブは心を奪われ、すぐに専攻を工学から都市史へ変更した。学外では列車のトンネル探検を始め、その次には、胴付き長靴を着用して水を跳ね飛ばしながら下水道を歩いた。やがて吊り橋のてっぺんに登り、神の視点からニューヨークを撮った。長年の探検を経て、みずからをゲリラ歴史家兼写真家と称するようになり、市の基幹施設について驚くほど細かな知識を蓄えた〔市の下水道を監視する環境保護局はスティーブの調査法の違法性を知りながら、何度か彼を雇おうとした）。彼はオタクと無法者との中間に位置し、体は痩せこけていて、少年期の発話障害の名残があるが、港湾労働者のように酒を飲み、女性に愛される奔放な笑顔を浮かべ、英雄気取りで街を闊歩していた。若い頃、珍しい脚の骨肉腫にかかり命を落としかけた。その経験があるから緊迫感とバイタリティを持って何事にも取り組むのだろう。彼は市街のマンホールの蓋に浮き彫りされたさまざまな頭字語の重要性を列挙したり、十九世紀ヨーロッパの下水処理システムの流量を詳細に語ったりしてひと晩過ごし、そのあとバーに出かけては喧嘩をする。

その日の午後、私たちは下水溝の格子と格子の間をジグザグに進み、懐中電灯で地下を照らしながら、下水管の経路をたどった。足を進めながら、スティーブはこの街のジグソーパズルのような隠れたシステムについて一種福音的な愛を込めて語った。彼が心に描くニューヨークは、数多くの触手を持った刻々と変化する巨大な有機体で、地上の住人についてはほんの一片しか見ていない。彼の使命は、人々を世界の隠れた側面とつなぎ直すことにあった。どの都市のどのマンホールの蓋もガラスでできていたらいいのに、と彼は考えていた。人々がいつでも地下をのぞけるからだ。「たいていの人は世界を二次元的に動いている」と、彼は言う。「自分の下にあるものを何ひとつ知らない。地下に何があるかを見たら、都市がどのように機能しているかを理解できる。しかも、それ以上の恵みがある。自分が歴史にどんな位置を占めているかを知ることができ、自分が世界にどう適合しているかがわかるんだ」

私はスティーブに、並行する地相を見ることができたヘルメスの化身を見る思いがした。アメリカの詩人ウォルト・ホイットマンは『草の葉』で、〝見えない多くのものもここに存在するとわたしは信ずる〟と書いている。スティーブには見えないものが見えた――私も見たいと思った。

私の最初の地下歩きはのどかなもので、列車のためのウェストサイド・トンネルを通り抜けることだった。探検者や落書き（グラフィティ）ライターには〝フリーダム・トンネル〟の呼び名で知られ、マンハッタンのアッパー・ウェスト・サイド、〈リバーサイド・パーク〉の下を四キロメートルほど貫いている。

夏の朝、私は一二五丁目近くの金網フェンスの裂け目をくぐり抜け、トンネルに向かった。入口は広く、高さは六メートルほど、幅はその二倍あ

った。真の闇ではなく、薄明るい感じだ。およそ九〇メートルおきに長方形の換気口格子が天井に現れ、大聖堂の窓のように柔らかな柱状の光が差し込んでいた。マンハッタンのど真ん中を通って静寂の中を歩きはじめると、誰に出会うこともなく、夢の中にいるようだった。

半分ほど進んだところで、巨大な壁画に出くわした。幅は三〇メートル以上。フリーダムという名のアーティストが描き、それがトンネルの名前になった。反対側の壁に立って見惚れていると、絵が光の中で震えているように見えた。そよ風が吹き抜け、ウェストサイド・ハイウェイを走る遠くの車の喧騒が、公園の鳥の鳴き声とまじって聞こえてきた。

ちょうどそのとき、トンネルの向こうから、列車の巨大なヘッドランプがこちらへ向かってくるのが見えた。壁に背中をつけてしゃがみながら足もとに低音の震動を感じていると、いきなり光が炸裂し、激しい風と轟音であばら骨が震えた。線路とは五メートル近い間隔があったので身の危険はなかったが、そこにしゃがんでいるあいだ全身が震え、心は燃えていた。

午後早くにハドソン川近くのフェンスを登ってトンネルを出た瞬間から、ニューヨークと自分の関係が変わりはじめた。地上では、職場と自宅の間の知覚体験に乏しい一本道を往復するだけだった。しかしトンネルに下りると、そのような境界から足を踏み出し、本能にもとづく新しい方法で街とつながることができた。五感を揺り起こされる感じがした。初めてニューヨークと目を合わせたような気分だった。

地下へ向かうこと、ニューヨークの体内へ這い下りることは、自分がこの街にふさわしい存在で、いかにこの街を知っているかを証明する手段となった。マンハッタンで生まれ育った友人たちに、近所にあるのに彼らがまったく知らない地下の古いアーチ形空間のことを語れるのが面白かった。沈下した路地で、地上の人には見えない街の肌合いを見るのが楽しかった――昔のグラフィティの署名(サイン)、超高層ビルの基盤を走るひび、壁を這う風変わりな黴(かび)、隠れた亀裂に押し込まれた数十年前のしわくちゃな古新聞。ニューヨークと秘密を共有した私は、隠れた引き出しを次々と開けて、ニューヨークからの私信を読んでいった。

ある夜、ブルックリン海軍工廠の近くで、スティーブがオレンジ色の建設コーンをマンホールの周りに置いてから、鉄鉤(てつかぎ)で蓋を開けた。すると、下水道の蒸気がよじれるように吹き上がってきた。私たちはぬるぬるした段に左右の手を交互にかけて梯子(はしご)を下り、水を跳ね散らしながら下水トンネルに飛び下りた。高さはおよそ三メートル半で、緑がかった水が中央をぶくぶく音をたてながら流れていた。空気は温かく、眼鏡がたちまち曇った。私はしばしためらった。「鼻水のつらら」と呼ばれるねばねばした数珠状のバクテリアが、天井からぶら下がっている。それでも、下水道は想像していたほど不快ではなかった。糞便の臭いというより土臭い匂いがし、肥料がどっさり入った古い農家の小屋のそれに似ていた。川の中の砂州のようなローム状の堆積層に懐中電灯の光を当てると、小さなアルビノのマッシュルームが育っていた。季節回遊時にはここの水をウナギが泳ぐ。

スティーブによると、緑色の流れにはワラバウト湾へ流れ込むワラバウト・クリークという古い水路が混じっていた。湾には現在、海軍工廠が立っている。この水路は一七六六年の地図には見られるが、市の発展と拡大にともない地下へ追いやられて、地上から消えた。

私の知る地上のニューヨークは威勢の良さと粗野なところが混じり合った動物で、ゴロゴロ音をたて、うなり声を上げ、蒸気を発し、さまざまな口から群衆をどっと吐き出している。しかし、ここ地下では、古い小川のひとつが静かに足もとを流れていて、この街はおだやかで傷つきやすくさえ感じられた。あまりに親密に感じられてバツが悪くなるほどで、誰かが眠っているところを見つめているような気がした。

午前三時過ぎに梯子を上り、マンホールを開けると、身が引き締まるような冷気を頬に感じた。二人とも地上に出た瞬間、バイクに乗った青年が急ハンドルを切って私たちをよけた。バイクが横滑りし、くるりとひと回りする。息を切らしながら青年が尋ねた。「あんたたち、何者だ?」

スティーブは舞台に立った演者のように体をまっすぐ起こして胸を膨らませ、頭をくいと後ろへ傾けて、ロバート・フロストの「都市の中の小川」という詩を暗唱した。

小川は追いやられた
下水道の土牢深く、石の下に
悪臭漂う暗闇でなお生きて流れる
いたずらにそうやってきた
おそらく、恐怖で流れるのを忘れたとき以外には

地下へ足を向けるたび、ニューヨークは少しずつぱちんと割れて新たな秘密を漏らし、私の心をさらに深く惹きつけた。ノートを持って地下鉄に乗り、窓から外を注意深く見て、壁に割れ目がある場所を記録する。廃棄されたプラットホーム（グラフィティ・ライターの言う〝ゴースト駅〟）の発見につながるかもしれないからだ。地下水路をたどって格子に耳を当て、地下を水が流れるゴボゴボという音が聞こえる場所を探す。私のクローゼットには胴付き長靴と泥の染み込んだ衣類が入っていて、ヘッドランプをいつもバックパックに入れ持ち歩いていた。市内を歩く速度はどんどん遅くなっていった。立ち止まっては地下の通風孔や下水マンホール、建設現場の穴をのぞき込み、ニューヨーク市内部のパズルをつなぎ合わせようと試みる。徐々にニューヨークの心象地図は、隠れた

襞(ひだ)や秘密の通路や見えない窪(くぼ)みだらけのサンゴ礁に似てきた。

しばらく私は一種の譫妄(せんもう)状態で市内を歩き回り、どんな暗い階段の吹き抜けや蓋も、別の層へ続く入口なのだと想像した。ブルックリンハイツに立つ褐色砂岩張りの家が、街区(ブロック)の他の家と同じ外観なのに、ドアは工業用の鋼板でできていて、すべての窓が真っ黒なことに気がついた。この家は偽装された通気孔で、地下鉄に通じていたのだ。ソーホーのジャージー通りで見つけた古いマンホールは〈クロトン水道橋〉と呼ばれる昔の取水トンネルにつながっていた。この水道橋は一八四二年、四人の男が〈クロトン・メイド〉号という小さな木製の筏を漕いで真っ暗闇の中、キャッツキルからマンハッタンまでの六五キロメートルを苦難の旅の末に開いたものだ。私が訪れたブルックリンのアトランティック街の下を走る列車のトンネルは、一八六二年に廃棄されたまま一九八〇年まで市に忘れられていたが、地元に住むボブ・ダイアモンドという十九歳の青年がマンホールから下りていき、反響する巨大な窪みを見つけた（この発見で街はつかのま興奮に沸き立ち、写真家たちが押し寄せて、ボブが失われたトンネルを這い進むところを撮った）。

私もブロンクスの島で宝探しチームに加わり、消えた身代金を探したことがある。チャールズ・リンドバーグの嬰児(えいじ)を誘拐した男が埋めたとされる札束だ。あるとき、地下鉄システムに何かの埋葬部屋が隠されているという噂をたどって地下へ行くと、壁に一世紀前のグラフィティがあった。誰にも触れられず忘れられていたため、声を上げようものなら天井から砂が滝と化して降ってきそうだった。私も探索したミッドタウンの古い建物の地下二階には床に穴が開いていて、そこから川に下りることができ、老人たちが日がな一日座ってマス釣りをしていると報じられた。

私がこういう話を頻繁にするので、友人たちはうんざりしていた。市内を歩いているときも、自分たちの足もとに何があるかを事あるごとに熱く語ろうとするので彼らはうめき声を上げていたが、あの頃は自分を止められなかった。

自分でも驚くような危険を冒して、私は地下へ向かった。夜遅く、地下鉄プラットホームの端にある〈線路への立入・横断禁止〉という標識をスルーし、作業員用の狭い通路を忍び歩いて、線路に飛び下りた。あたりは煙突の中のように真っ黒で、夏の夜はボイラーのように暑かった。最初は従兄弟のラッセルが相棒だった。暗闇を走ったり歩いたりして進んでいくと、空気がかすかに動き、足もとに超低周波振動を感じた。「列車が来るぞ」とささやき合った。線路が正しくかみ合う音が聞

こえた。と思った瞬間、曲がり角から巨大なヘッドライトがトンネルの壁を照らした。私たちは急いで狭い通路へよじ登り、非常口の窪みに折り重なった。列車は轟音を上げて通過し、ひっくり返ってしまいそうな強い突風が吹きつけてきた。

やがて私は衝動的に、一人で小旅行に出かけるようになった。夜遅いパーティのあとや、図書館で長い夜を過ごしたあと、プラットホームに立つと列車がやってくる。しかし、乗らずにやりすごし、列車を追うように暗いトンネルに足を踏み入れた。ひやりとしたこともある。通りすぎる車輪から青い火花が飛び、列車の轟音で一時的に耳が聞こえなくなった。夜遅く、私は放心したように歩いて自宅へ帰る。頬は金属埃にまみれ、現実と夢の狭間をさまよっている心地がした。

ある夜、トンネルで列車の車掌に見つかり通報されたらしく、プラットホームに上がると市警本

部の警官が二人待っていた。ドミニカ共和国出身の若者で一人は背が低く太っていて、もう一人は背が高く痩せていた。二人は私の両腕を押さえて壁に押しつけ、バックパックの中身を床に空けた。逮捕する理由には事欠かなかったはずだが、結局、解放してくれた。動揺の収まらないまま通りのベンチに座り、ばかなことをしたと思った。白人でなかったら手錠をかけられていたはずだ。そんな夜でさえ、歩いて自宅へ帰る途中、気がつけば通りで立ち止まり、格子やマンホールをのぞいていた。

もっとも暗い層で出会ったのは〝もぐら人間〟と呼ばれるホームレスの人たちで、地下の隠れた隅やアーチ形の空間に住んでいた。ある夜、スティーブ、ラッセル、何人かの地下探検家といっしょに出かけ、ブルックリンという名の女性に会った。三十年間、地下で暮らしているという。あばた顔で、ドレッドヘアを頭上高く束ねていた。彼女が「イグルー」と呼ぶ住まいはトンネルのひさしの中に隠れた窪みで、一枚のマットレスと二、三のゆがんだ家具が置かれていた。その日は彼女の誕生日で、みんなで一本のウイスキーを回し飲みし、彼女はティナ・ターナーやマイケル・ジャクソンの曲をメドレーで歌い、しばらくみんな愉快に笑っていた。ところが、頭のネジが外れたのか、ブルックリンの歌う言葉が意味不明になってきて、彼女はそこにないものを見はじめた。彼女と同じ名前の恋人が帰ってきて二人は喧嘩になり、暗闇の中で怒鳴りだした。

いつしか私は地下探検について友人や家族に語るのをやめた。地下に下りて何を探しているのかという彼らの質問に答えるのが、それまでより難しくなってきたからだ。

「ちょっと見せたいものがあるんだ」ある夜、スティーブが言った。「でも、誰にも言わないと約束してくれなくちゃだめだよ」

時刻は午前二時頃、ブルックリンのどこかのパーティからの帰り道だった。スティーブは私を地下鉄駅へ連れていき、狭い通路に下りた。私もすぐ後ろからついていったが、ふっと彼の姿が暗闇に消えた。声が聞こえて、壁の秘密の入口を通り抜けたのだとようやく気がついた。私も通り抜け、暗い空間に出た。そこはニューヨーク地下の神聖化された空間のひとつだった。反響する巨大な空洞で、極薄の膜によってふつうの生活空間から隔てられ、しかも外からはまったく見えなかった。

スティーブは私を部屋の真ん中まで連れていき、床を懐中電灯で照らした。陶磁器タイルの長方形の格子があった。寸法はおよそ一八〇×一二〇センチ。タイルに息を吹きかけると雲のように埃が舞った。そこに現れたのは地図だった。街のどの駅の壁にもかかっているニューヨークの地下鉄路線図を再現したもので、ブルックリンとマンハッタンのベージュ色をしたでこぼこのシルエットが描かれ、青白いイーストリバーを路線が蛇のように走っている。ただし、地図には見慣れた印はどこにもなく、目に見えない場所だけが示されていた。長年、ニューヨーク市に潜入してきた市内の老練な都市探検家たちが地図に写真を添え、それぞれが下水道、水路、ゴースト駅など、一般人の目には入らない場所を明示していたのだ。私は暗闇でしゃがみ込み、それ自体が目に見えない場所に隠された、目に見えない街の地図をつぶさに見ながら、心が浮き立った。ここは私がニューヨークの地下を何年か探し歩いて見つけたあらゆるものの、一種の聖堂だった。しかしなぜだろう、同時に、高揚した気持ちが奇妙に遠ざかっていく気がした。

そのとき、この街の地下深くに佇(たたず)みながら、私は地下と自分とのつながりをほとんど理解していないことに気がついた。さらに言えば、人類と地下とのもっと大きな関係について、ほとんど理解していないことに思い至った。その関係は、人類の歴史がぼんやり見えはじめたはるか昔にまでさかのぼる。

かつて、レオナルド・ダ・ヴィンチがトスカーナで徒歩旅行をしていたとき、巨礫(きょれき)が並ぶ一帯をのんびり歩いていると、洞窟の入口が見えた。暗い入口に立つと、ひんやりとそよ風が顔を撫(な)でた。彼は暗闇をのぞき、そこで動くに動けない自分に気がついた。〝ふたつの矛盾する感情が起こった〟

と、のちに書いている。〝恐怖と欲求。すなわち、気を呑まれそうな暗い洞窟への恐怖と、その中に素晴らしいものがあるかどうか調べたい欲求だ〟

人類は誕生以来、洞窟や地下の空洞に暮らし、それと同じ期間、これらの空間から本能的な得体の知れない感情を呼び起こされてきた。そうした風景との最古の原型的関係は決して衰えることなく人間の神経系に結びついたまま、無意識の本能の形で私たちの行動を支配しつづけていると、進化心理学者は示唆する。生態学者のゴードン・オライアンズはこのような痕跡的衝動を〝過去環境の進化的幽霊〟と呼んでいる。私はニューヨークの地下を探検するとき、暗いトンネルの入口や下水マンホールをのぞき込むたび、祖先から受け継いだ幽霊衝動を無意識に発動させていたのだ。祖先たちは大昔、暗い洞窟の入口にしゃがみ込んで、下りるべきか否かを決断した。

地下へ行けば、人間は異邦人だ。自然淘汰によって地表で暮らし、地下へは行かないよう設計されてきた。科学者は散光が届く範囲の〝薄明帯(トワイライトゾーン)〟を越えた部分を〝暗帯(ダークゾーン)〟と呼ぶが、その意味で洞窟はまさに自然の幽霊屋敷で、人間の根源的な恐怖の貯蔵庫だ。天井からくねくね下へ向かってくる蛇や、チワワくらいの大きな蜘蛛(くも)、尻に針のついたサソリといった生き物を、人間は進化の過程で恐れるようになった。たくさんの祖先が彼らに殺されたからだ。およそ一万五千年前まで、世界じゅうの洞窟にはホラアナグマ、ホラアナライオン、剣歯虎(サーベルタイガー)などが棲(す)んでいた。つまり、人類史の最近の一瞬を除いて、人間は洞窟の入口に出くわすたび、人食い怪物が暗闇から突進してくるのではないかと緊張したにちがいない。現在でも、地下をのぞき込むときは、暗闇に捕食動物がいるかもしれないという恐怖が一瞬頭をよぎる。

人間はアフリカのサバンナを生き抜くために進化していた頃、日中に狩猟や採集をし、夜は夜行性の捕食動物が忍び寄る環境で暮らしていたため、暗闇に不安を感じてきた。それだけでなく、ダンテが〝目に見えない世界〟と呼んだ地下の暗闇には、人間の神経系全体を木端微塵（こっぱみじん）に打ち砕く力がある。近代ヨーロッパの先駆的な洞窟探検家たちは、地下の暗闇に長く滞在すると精神が永久に壊れる危険性があると考えた。十七世紀のある著述家がイングランドのサマセットで洞窟を探検したときのことを書いている。〝我々はそこに行くのを恐れはじめた。なぜなら、はしゃぎ浮かれて入ってはみたものの、戻ったときは悲しく憂いに沈んでいて、この世で生きているうちに二度と笑うことがなくなりそうだったからだ〟これは、ある意味真実だった。神経科学者は種々の方法で、真っ暗闇に長期間いると精神に異常をきたしかねないことを証明してきた。

一九八〇年代、ボルネオのグヌン・ムル国立公園にある〈サラワク・チェンバー〉と呼ばれる洞窟への探検で、一人の洞窟探検家が、サッカー競技場が十七個入るような世界でもっとも広い地下空洞のひとつに入り、目印になる岩の壁を見失った。いつ果てるともない暗闇をさまよい歩くうちに一種の麻痺性ショックに陥り、同行者たちに付き添われて外へ連れ出されるはめになった。洞窟探検家たちはこのような暗闇が引き起こすパニックの発作を〝魂抜け（たまぬけ）〟と呼んでいる。

閉じ込められた感覚も人を動転させる。地下の部屋に閉じ込められ、手足の自由が利かず、明かりを消され、酸素が少なくなっていく状態は、悪夢の最たるものかもしれない。かつて、古代ローマの哲学者セネカが銀山を探す者たちについて述べたことがある。彼らは地中深くへ潜り、そこで〝身を震わすような恐怖の発作〟という現象に出くわした。恐怖のひとつは〝頭上に大きな土の塊がある〟という心的圧力だった。この感覚に共鳴したのがエドガー・アラン・ポーだ。閉所恐怖症の桂冠詩人は地下での閉じ込め状態について書いている。〝最大限の肉体的、精神的苦痛を起こさせるのにこれほどひどく適したものはない……肺への耐えがたい圧迫――じめじめした土が吐き出す息苦しい湿気――まとわりつく死に装束――狭い棺（ひつぎ）の強張った抱擁――絶対的な夜の暗黒――人を圧倒する海のような沈黙……〟と。地下のいかなる空洞においても、天井や壁が迫ってくるところを想像すると、これはまずいと人は反射的に緊張する。

結局のところ、人がいちばん恐れるのは死だ。暗闇への嫌悪はすべて死すべき運命への恐怖に集約される。少なくとも十万年以上前から人類は洞窟の暗帯（ダークゾーン）に死者を埋めてきた。イスラエルの〈カフゼー洞窟〉の発見や、そのずっと前にいたネアンデルタール人の祖先から、それは明らかになっている。世界じゅうの宗教伝統で死者の領域の描写は洞窟の暗帯（ダークゾーン）をそっくり再現していて、そこでは肉体から分離した霊が輪郭の不鮮明な暗闇をさまよっている。カラハリ砂漠やシベリアの平地の人々のような、洞窟のない地形にあり、物理的な地下空間と接触のない文化においてさえ、垂直の宇宙の神話を語り、地下領域は精霊にあふれているとする。洞窟の入口を通りすぎるたび、人はいずれやってくる死を反射的に予感する。つまり、人類が自然淘汰によって避けるよう設計されてきたひとつの世界を学び直すのだ。

それでも、地下へ通じる縁にしゃがむと、人はそこへ下りていく。
トスカーナでのあの日、レオナルド・ダ・ヴィンチは暗闇へ下りていった（暗帯（ダークゾーン）の奥で、洞窟の壁に埋め込まれたクジラの化石を発見し、その後それは死ぬまで彼の頭を離れず、心に霊感を吹き込むことになった）。この惑星で到達可能な洞窟にはすべて祖先の足跡が残っていると言っても過言ではない。考古学者たちは腹這いになってフランスの洞窟のぬかるんだ通路を進み、ベリーズの長い地下河川を泳いで下り、ケンタッキーの石灰石洞窟を何キロメートルも歩いた。彼らはいたるところで古代の人々の化石化した足跡を発見した。古代人は地面の岩のごつごつした隙間から這い下り、松明（たいまつ）や油脂ランプで足もとを照らして暗闇を進んだ。そこで彼らは未知の領域に出合った。彼らの知る地上の世界から完全に切り離された領域に。そこはどんな夜より暗く、反響音がとどろき、怪物の歯のような石筍（せきじゅん）が地面から大釘のように突き出ていた。暗帯（ダークゾーン）の旅は人類が続けてきた最古の文化的慣行と言ってもいい。その考古学的根拠は人類が存在する以前の何十万年も前にさかのぼる。神話作家のエバンズ・ランシング・スミスはこう書いている。〝地下へ向かうことほど我々を人類としてひとつにまとめる伝統はない〟

ニューヨークの地下になぜ心を奪われるのか分析に取りかかったとき、自分がもっと大きな、もっと古い、もっと普遍的な神秘に包まれているということに私は気がついた。もっとも基本的な進化の論理があり、すぐそこに地下の危険があり、光の中にとどまれとうながす生来の恐怖の声があり、死ぬかもしれないという本能的な予感があるにもかかわらず、私たち人間には心の芯に埋め込まれたひとつの衝動があり、それが地下へと引きずり込むのだ。

私は何年もかけてあちこちを旅し、ニューヨークと世界の遠い片隅の間を行き来しながら、地下の風景と私たち自身を絡み合わせる糸をたどろうとした。近代都市の下の湿った回廊から始まり、古く広い空洞へ、最後には天然洞窟の古代の暗闇へ赴いた。どこへ行っても、現地の地下愛好家(カタフィル)が案内してくれた。彼らはヘルメスの化身で、地下に詳しく、地上と地下を自由に往来していた。

〝地下室に下りることとは夢想すること〟と、哲学者ガストン・バシュラールは『空間の詩学』に書いている。〝不確かな語源という遠くの廊下で迷うこと、言葉では表せない宝物を探し求めることである〟と。

私が人間と地下との関係をたどって、神話と歴史、芸術と人類学、生物学と神経科学から見つけたのは、戸惑うばかりの広がりを持つひとつの象徴、つまり水や空気や火のような、人間の営みに不可欠な風景だった。人間は死ぬために地下へ向かうが、それは生まれ変わって大地の子宮から出てくるためでもある。人間は地下を恐れるが、危機が訪れたときはそこが最初の避難所となる。地下には有毒廃棄物とともにきわめて貴重な宝物が隠されている。地下は抑圧された記憶と光を発する啓示の領域だ。学者のデイヴィッド・パイクは『ステュクス川の大都市』〔未邦訳〕にこう書いている。〝地下の暗喩を拡大すれば、地球上のあらゆる生命を包含できる〟と。

足もとの空間を意識するようになると、世界は広がる。物理的な地下にあるトンネルや洞窟に思いを馳せると、自分たちの現実を形づくる見えない力に適応しはじめる。地下とつながることで扉が少し開き、人間の想像という謎に満ちた部屋へ入ることが可能になる。

私たちが地下へ向かうのは、見えざるもの、闇に塗りつぶされたものを見るためだ——暗闇でしか見られない啓示を求めて、私たちは地下へ向かう。

ぼんやりしたものの向こうをじっと見つめると、
高き塔が林立しているように見え、
そこで、私は叫んだ。
「師よ、これはどんな街なのですか」

ダンテ『神曲 地獄篇第三十一歌』

第2章

横断

——パリの地下納骨堂

パリの地下を最初に撮影したのは、芸術家肌で燃えるような赤毛を持つナダールという勇敢な男だった。シャルル・ボードレールに「もっとも驚くべき生命力の持ち主」と呼ばれた彼は、十九世紀半ばのパリできわめて刺激的な人物の一人だった。興行的手腕があり、伊達男で、ボヘミアン芸術界のリーダーだったが、なにより傑出した写真家として知られていた。パリの中心にある宮殿のような写真館を経営し、マスメディアの開拓者であると同時に偉大な革新者でもあった。一八六一年、写真史で初の人工光のひとつである電池式照明を発明した。みずから〝魔法のランタン〟と呼ぶ照明の力を誇示するため、彼はできるかぎり暗い空間で写真を撮ることにした。選ばれたのは市の地下にある下水道と地下納骨堂だった。数カ月のうちに地下の暗闇で何百枚もの写真を撮ったが、一枚ごとに十八分間の露出を必要とした。これらの写真でそれまで闇に隠れていたものが露わになった。パリ市民は街路の下を綾とりの糸のように交差するトンネルや地下聖堂、水路の存在を昔から知ってはいたが、常に抽象的な場所、ひそひそ話の対象でしかなく、実際に目にすることはまずなかった。ナダールは初めて地下の全貌を写真に焼きつけ、パリとその地下風景との関係を明らかにした。この地上と地下の関係は時を経るうちにますます、おそらく世界のどの都市よりも奇妙かつ妄執じみた、密接なものとなっていった。

ナダールの撮影から一世紀半後、私はパリに到着した。同行者はスティーブ・ダンカンと四人の都市探検家で、目的はパリとその地下との関係を誰も試したことのない方法で調査することだった。私たちはパリの地下横断を計画した。街の端からもう片方の端まで、ひたすら地下の基幹施設を歩く。スティーブはニューヨークでこの旅を夢見ていた。私たちは計画に数カ月を費やし、古地図を調べ、パリの探検家に相談し、通行可能なルートを確認した。机上の計算では、この探検旅行はなんの問題もなく予定どおりにいくはずだった。ポルト・ドルレアンに近い市南境のすぐ外からカタコンブへ下りる。計画どおりにいけば、北境を越えたところにあるプラス・ド・クリシー近くの下水道に出る。直線距離にして一〇キロメートル近くで、朝食と昼食の間に散歩できるほどの距離だ。し

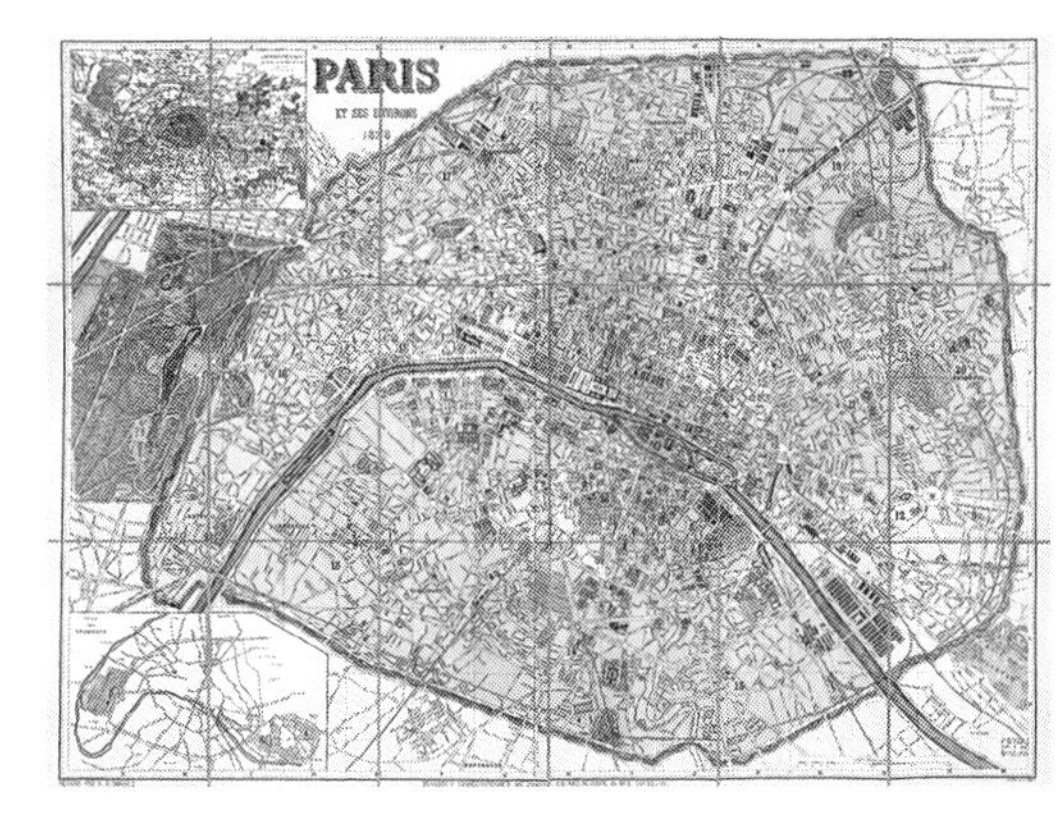

かし、地下のルートは曲がりくねっていて、およそまとまりというものがない回り道になっているうえ、ジグザグや戻り道も数多くあった。私たちは二、三日かけて歩き通すつもりで準備をした。夜は地下で野営をする。

六月のおだやかな夜、私たち六人は市の南境に座っていた。〈プティ・サンチュール〉〔小さなベルト〕という環状鉄道路線の一部で長く遺棄されてきたトンネルの中だ。この路線はかつてパリを一周していたのだ。日中は探検の必需品を買い集めることに費やした。今は午後九時を過ぎたところで、トンネル両端の光点が暗くなりつつあった。誰もが押し黙り、複数のヘッドランプが放つ光が床の上を不安げに躍っていた。落書きに囲まれた丸く暗い穴を交代でのぞき込む。削岩機でコンクリート壁に開けた穴がカタコンブへの入口だ。

「パスポートをファスナー付きのポケットに入れておけ」スティーブが胴付き長靴の留め具を親指で押しながら言った。「万一ということもある」たしかに。この旅に一歩でも踏み出せばその時点で法律違反になる。もし捕まっても、身分証があれば、パリの真ん中での留置だけは免れるかもしれない。

モウ・ゲイツが地図の上にかがみ込んだ。カタコンブが不規則に広がる迷路のようなトンネルを進むとき頼りになる地図だ。背が低く、あご髭を生やし、赤いアロハシャツを着たモウは、スティーブの昔からの探検パートナーだ。モスクワの下水道を歩き、マンハッタンのクライスラー・ビルの最上部にあるガーゴイル〔怪物の形をした雨樋〕の上にしゃがみ込み、ブルックリンのウィリアムズバーグ橋のてっぺんで性行為に及んだこともある。いつかトンネル探検から足を洗い、身を固めて、〝素敵なユダヤ娘との間に子をもうけたい〟と思っているが、昔からの習慣をやめられずにいた。

スティーブのガールフレンドで、きりっとした目と肩の上で切り揃えた栗色の髪の持ち主であるリズ・ラッシュは、ガス検知器の電池を確認していた。換気されていないトンネルで出くわすかもしれない有毒ガスの存在を、これが警告してくれる。リズはスティーブとともにニューヨークの地下は探検してきたが、パリの地下は初めてだった。彼女の隣で用具を整理している二人もそれは同じだった。赤毛のドレッドヘアが目を引くジャズ・マイヤーという若いオーストラリア人女性は、メルボルンとブリスベンの雨水排水管を探検したことがあるという。クリス・モフェットはニューヨークで哲学を専攻する大学院生で、彼にとってはこれが初の地下進出だ。

「降水確率は五〇パーセント」とスティーブが言い、最後に携帯電話の電源を切った。私たちの探検にとって最大の脅威は雨だ。地上では小さな土砂降りでも、地下の下水トンネルでは洪水だ。雨の多い六月にパリに着いて以来、私たちは憑かれたように、つぶさに天気を観察してきた。スティーブは市内の探検仲間イアンに最新の気象情報をメールで送るよう協力を求めていた。グループとして私たちは、降雨の兆候に気づいた時点で探検を終了し、立ち去るという誓いを立てた。

みんなが入口に集まると、記録係のモウが腕時計を見てノートに書き留めた。〝午後九時四六分、地下へ出発〟。スティーブが先頭になり、腰をくねらせ両脚を交差させながら入口を抜けていった。一人ずつあとに続く。私がしんがりを務めた。がらんとした列車トンネルを一度見まわして、息を深く吸い、体を押し込んで暗闇へ下りていった。

下りた先のトンネルは狭いうえに低く、冷たい壁はじっとりした自然のままの石だった。私はリュックを胸の前にかけ、四つん這いで進んだ。ごつごつした天井に背中をこすられ、両手両膝に冷たい水が跳ねかかり、びしょ濡れになった。石の壁は雨でずぶ濡れになった石灰岩のように土臭い匂いがした。ヘッドランプの光線が軽快に動き、不規則にちかちか光る。地上から離れたのだと唐突に強く感じ、海底にいるような心地がした。地上を走る車のクラクション、ジェネラル・ルクレール通りを路面電車がガタガタと走る音、ブラッセリー〔庶民的なフランス料理店〕の日除けの下で煙草を吸うパリっ子たちのつぶやき――それらが全部消えてなくなった。

スティーブを先頭に北へ向かい、少し広い回廊で立ち上がって、ピチャピチャ音をたてながらアヒルのように進む。アーチ形の通路を下り、地面が土に変わったところで、ようやく全員が体を起こして歩けるようになり、地下横断の第一行程が始まった。

パリ市民によれば、まるで銀河のように無数に穴が開いているこの街はスイスチーズの大きな塊のようなもので、特に、カタコンブくらい穴だらけの場所は他にないという。カタコンブは三二〇キロメートルのトンネルから成る広大な石に覆われた迷路で、おもにセーヌ川左岸に位置している。一部のトンネルは冠水して半壊し、浸食作用がもたらした穴で蜂の巣状になっているが、きちんとモルタル接合した煉瓦で飾られ、アーチの下を通る優雅な通路や凝った装飾の階段がついたトンネルもある。ここへ来る常連にはよく知られていることだが、「カタコンブ」の語源は、ギリシャ語のった。「kata」（下に）とラテン語の「tumbae」（納骨所）が組み合わさったものだ。同時に、石切り場でもあった。ノートルダム大聖堂、ルーブル美術館、パレロアイヤルなどセーヌ川沿いの堂々たる建造物は、すべてこの街の地下から切り出された石灰石の塊で建てられた。最古のトンネルは、ローマ時代の都市ルテティア〔パリの前身〕を建設するために掘られた。そのトンネル跡が今もカルチェラタンに残っている。街が成長する何世紀かで、石工は地上へせっせと石灰石を運び、地下の迷路は拡大して巨木の根のように扇形に広がった。

ナダールがパリの地下に初めてカメラを持ち込むまで、石切り場は静かだった。定期的に訪れるのは市が雇った納骨堂の作業員だけ。彼らがカタコンブに骨を並べ、採石場監督局に雇われた人たちがランタンを灯して石の通路を歩きながらトンネルを筋交いで補強して、街の重みによる崩壊を防ぐ。キノコ農場主が乾燥した暗い環境を活用してキノコを育てることもあった。しかし、それ以外の市民にとって、石切り場は目に見えない遠い場所であり、現実というよりは想像上の存在だった。

パリの地下を初めて撮影したナダールから長い年月を経て地下へ下りた瞬間、石切り場には活気が感じられた。壁には鮮やかな落書きが躍り、土の床には人が行き来した足跡があった。浅い水たまりに泥が渦を巻いているのは、最近誰かが通ったしるしだ。おそらくパリっ子のゆるやかな同盟に所属して昼夜カタコンブを歩き回っている地下愛好家（カタフィル）たちが残した跡だろう。彼らは都市探検家王国の亜族で、十代と二十代の大学生が大半を占めるが、なかには五十代、六十代もいて、この網目状の地下を何十年か探検し、カタフィルの子孫を育ててきた。パリ市は〝カタフリックス〟と呼ばれるカタコンブ警官隊を雇っている。彼らはトンネルをパトロールし、不法侵入者に六五ユーロの違反切符を切る。しかし、カタフィルを制止する効果は皆無に近い。彼らはここのトンネルを、巨大な秘密のクラブハウスと心得ているからだ。

地下に下りて二時間くらい経った頃、スティーブを先頭に、狭く低いトンネルを腹這いになり、肘(ひじ)を使って泥をかき分けながら進みはじめた。トンネルの向こうへ出ると、ヘッドランプの光が三つ、暗闇を上下に動いていた。聞けばパリ在住の若いカタフィルで、リーダーはブノアという男性だった。二十代半ばで、背は高く手足がひょろ長い、黒髪の持ち主だ。

「ようこそ」彼は大げさな身ぶりをして言った。「〈ラ・プラージュ〉〔浜辺〕へ」

私たちが出たのはカタフィルのおもなたまり場のひとつで、砂の詰まった床と分厚い石灰石の柱に支えられた高い天井のある、洞窟のような部屋だった。壁や柱の全面、そして岩の天井のほとんどには絵が描かれていた。暗闇の中ではぼんやりとしか見えないが、懐中電灯の光を当てると輝きを放った。最重要作品は葛飾北斎「神奈川沖浪裏」の複製(レプリカ)で、泡立ちうねる青と白の波が描かれていた。部屋のあちこちに、石を切り出したテーブルと粗削りのベンチと椅子がいくつも置かれている。真ん中に男性の大きな彫刻があり、両手を天井に向けて掲げ、地下のアトラスさながらにパリを持ち上げていた。

「ここは――」適切な喩(たと)えを探しているらしく、ブノアはいちど言葉を切った。「カタコンブのタイムズスクエアのようなものかな」

　ブノアが説明するところでは、週末〈ラ・プラージュ〉やカタコンブ内の大きな部屋は、飲んで騒ぐ人たちで埋め尽くされる。ときには地上の街灯柱から電気を取って、バンド演奏やDJも手配する。あるいは、カタフィルがラジカセを胸に縛りつけてトンネルを縫うように進み、部屋から部屋へと仲間を後ろにしたがえて歩き回り、暗闇で踊り、ウイスキーのボトルを回しながら、コンガダンスの行列のように地下を蛇行していく。もっと洗練された集まりもあるらしい。暗い部屋で蝋燭を灯すパーティが休日に開かれ、カタフィルたちはシャンパンとガレット・デ・ロワ〔フランスの伝統菓子〕を楽しんでいるという。

　昔からカタフィルは地下に集まって芸術活動を営んでいた。絵を描き、彫刻をし、隠れた洞窟にさまざまな装置やオブジェを配置した。〈ラ・プラ

ージュ〉からさほど遠くない〈サロン・ド・シャトー〉では、カタフィルが石から美しいノルマン様式の城のレプリカを彫り、その壁にガーゴイルの彫刻を据えた。また、〈サロン・デ・ミロワール〉内の壁は、反射する陶器の破片で作ったミラーボールのようなモザイクに覆われていた。さらに、隅の〈ラ・リブレリー〉という小さな部屋には手彫りの棚があり、人が置いていった本をそこから借りることができた（惜しむらくは、湿った空気の中で黴臭くなっていることが多い）。

　カタコンブをそぞろ歩くうち、ミステリー小説の中に入り込んだ気分になった。偽壁や跳ね上げ戸や降ろし樋（シュート）があちこちにあり、それぞれが新たな隠れ部屋につながっていて、そこにはまた新たな驚きが待っている。通路を歩くと、ヒエロニムス・ボス風の不規則に広がる壁画に出合うかもしれない。カタフィルが何十年もかけて徐々に手を加え、美しさに磨きをかけてきたものだ。別の通路を進むと、石壁の中に半身が埋もれた等身大の男性の彫刻が出てくるかもしれない。あたかも、壁の向こうから部屋へ足を踏み入れようとしているかのように。また別の通りでは、見る人の現実感をひっくり返す場所に出くわすかもしれない。二〇〇四年、カタフリックス隊が石切り場をパトロール中に偽の壁を突き破ると、大きな洞窟状の空間に出て、彼らは信じられない思いで目をぱちくりさせた。そこには映画館があったからだ。カタフィルの一団が石彫りの座席を二十席と、大きなスクリーン、そして投影機を、少なくとも三本の電話回線といっしょに設置していた。映写室の隣にはバーやラウンジ、ワークショップや小さな食堂まであった。三日後、警察が捜査のために戻ってくると、設備は撤去され裸の空間になっていて、一枚のメモが残されていた。

〝私たちを見つけようとするな〟

彼らの存在は私たちの横断に不可欠だった。私たちが持参した地図はカタフィル族の長老たちが作製したもので、何世代にもわたるカタフィルの知の結晶だ。どの通路を低く這い進む必要があり、どこが水浸しになっていて、どこに隠れた落とし穴があって慎重に進まなければならないかが記されている（長老たちはこのトンネル網が通りやすくなりすぎることを警戒し、地図上のどの入口にも印をつけなかった）。また、カタフィルは長年、パワードリルと携帯用削岩機を地下に持ち込み壁をえぐり出して、小さな通路を造ってきた。〝猫穴（シャティエール）〟と呼ばれるもので、私たちの旅には欠かせない通路になる。

ブノアは水のボトルと予備の明かりを入れた小さなバッグしか持ってきておらず、私たちの膨らんだリュックを見て、「いつまでここにいる気だ

い？」と尋ねた。

「パリを歩いて横断しているんだ」と、スティーブが答えた。「北の境界まで」

ブノアはしばらくまじまじとスティーブを見つめると、声をあげて笑った。冗談と決めてかかっているらしく、くるりと踵を返すと暗闇へ消えていった。


私たちは身をよじったり、くねらせたり、這いつくばったり、体をねじ曲げたりした。長い時間をかけて地下体操に興じているかのように。体を押し込んで締めつけられる感じがする長い通路を進み、手足のもつれた状態で、生まれたばかりのロバの子のように通路から出た。その先は舞踏室くらいの大きな部屋で、声が天井に反響した。壁は結露でつるつるし、蒸気を放っていた。複雑に入り組んだ脳組織の襞を通り抜けている気がした。みんなで二〇メートルほど上のマンホール・シャフトに目を凝らしたが、暗すぎて最上部は見えない。茶色い根が天井から這い下り、ごつごつした小さなシャンデリアのような趣だった。おもなトンネルにはパリ特有の青い陶器に地名が記され、それらは地上の通りと一致している。パリンプセスト〔元の字句を消した上に字句を記すこと〕のように、十七世紀の石切り場作業員たちの松明から出た煙の筋は、カタフィルによるスプレー缶の落書きで覆い隠され、その煙の筋は石灰石に埋め込まれた古代の海の生き物の化石を覆い隠している。少し進むたびにトンネルが左右に枝分かれし、この先の道がどれだけ絡み合っているか思いやられた。初体験のクリスとリズ、そしてジャズは夢の中をさまようように歩いていた。「こんな場所が実在しているなんて信じられない」と、ジャズがささやいた。

ある地点で、懐中電灯の光を上に向けると、天井に大きな黒い亀裂が見えた。十八世紀に陥没が起こって、建物、馬車、通りを歩いていた人々が地面に呑み込まれ、地下の石工たちは瓦礫（がれき）の下に埋もれた。しかし現在のトンネルは安全で、埋葬の憂き目に遭う恐れはない。カタコンブはこの旅でいちばん危険の少ない行程だった。


ナダールはパリの地下を撮るずっと以前にも、誰も試したことがない視点から世界を撮影しようと試みていた。最初は、空中から。親友のジュール・ヴェルヌと〈空気より重い機械による空中飛行術推進協会〉を設立し、壮大な熱気球ミッションをヨーロッパ全土で開始した。一八五八年、彼は気球に乗ってパリ上空へ上がり、高度七八・六メートルから世界初の空中写真を撮った。銀灰色のぼんやりとしたパリの写真だった。〝これまで我々は心の目で不完全な鳥瞰図を見ていた〟と、彼は書いている。〝これからは、感光板に写る自然そのものの複写を見られるようになる〟

次に、ナダールは地下からパリを撮ろうとした。自分のスタジオでアーク灯を組み立てることから始めた。扱いは難しいが強力な機械装置だ。ブンゼン電池を五十個使ったこの装置を作動させると電流が二本の炭素棒をスパークさせ、まばゆい白光を放つ。アーク灯があれば太陽光なしで写真が撮れる。初期の写真媒体としては新しい概念だった。夜になると、ナダールはスタジオ前の歩道でアーク灯を点灯し、そのまばゆい光で群衆を引き寄せた。このアーク灯でどの写真家も撮れなかった景色を撮影する、と彼は宣言した。〝地下世界は地上に負けず劣らず興味深い、無限の活動領域を提供してくれた。我々は地下に入り込み、もっとも深くもっとも秘めやかな洞窟の謎を明らかにする〟ナダールが最初の地下写真を撮ったのは、有名なローマのカタコンベを模倣した〈カタコンブ・ド・パリ〉という納骨堂だった。

旅の始まりから七時間ほど経った頃、スティーブを先頭に長い通路を進み、丸石の壁がある部屋へ入った。みんなでリュックを肩から下ろし、床に座ってひと休みした。足が濡れ、全身に泥がこびりついていたが、士気は高い。しばらくして、乾いた銅褐色の物体が地面に散らばっていることに私たちは気がついた。

ジャズがそのひとつを拾い上げて調べると、彼女のドレッドヘアが跳ね上がった。「あばら骨！」と彼女は叫び、手から振り落とした。

たしかに、私たちの足もとにあるのは骨だった。脛骨（けいこつ）、大腿骨、頭頂部の骨がそれぞれカラカラに干からびていて、手触りはなめらかで、羊皮紙色になっていた。頭を低くして隅を回り込むと、巨大な塔のふもとに出た。何千もの骨が小さな滝となり、地表からシュートを通ってこぼれ落ちていた。私たちが立っていたのは〈モンパルナス墓地〉下の納骨堂だった。

十八世紀の終わり、パリの街は死体であふれていた。最大の埋葬地である〈サン・イノサン墓地〉の壁が崩れ、死体が近隣の家の地下に転げ落ちた。疫病の蔓延を防ぐため、パリは何十年もかけて広がっていた地下の石切り場に死体を移すことにした。選ばれたのは広さが一・二ヘクタールある南方の何もない通路で、トンブ・イソワール通りの下に位置していた。三人の司祭が地下へ下りてトンネルに正式な聖別を行ったあと、市を横断する骨の旅が始まった。木製の手押し車に載せられ、黒いベールに覆われた数多の骨が、通りの穴からどさっと落とされた。計六百万体の遺骨が石切り場に運ばれたという。労働者を地下へ送り込み、骨を整理して入り組んだ小壁（フリーズ）に配置する気の遠くなりそうな仕事が始まった。

一八六一年十二月、ナダールは助手の一団を引き連れ、カメラ装置を載せてギーギー音をたてる鉱山トロッコ二台と骨の並ぶ回廊へ下りた。この回廊は一八一〇年に短期間見物人を受け入れたが、破壊行為があったため、すぐ閉鎖された。ナダールが訪れたとき、トンネルはすでに数十年ものあいだ一般人には閉ざされていた。彼が〝もぐら塚〟と呼んだトンネルで、一行は人骨に囲まれながら地道に働く地下労働者の一団に出くわした。

当時、写真を撮る手順は、スタジオのよう

な制御された環境下でさえ複雑だった。真っ暗な地下の回廊ではより困難を極めた。何もかもに手間取り、気が滅入ってきた。暗闇にコロジオン溶液がこぼれ、狭い通路でアーク灯が立ち往生し、電池が有害ガスを発し、狭い空間が一行の気分を圧迫した。一回の撮影ごとに十八分の露出が必要なため、丸一日かけて撮影しても数枚の写真しか撮れない。助手たちは「ここで歳を取ってしまう」と不平をこぼした。それでも、ナダールは猛然と働いた。木製のマネキンにモデル役を務めさせ、あご髭、帽子、長靴、パリをデザインしたつなぎの服を着せ、骨をかき集める干し草用フォークを持たせた。

Au repos....

ナダールが納骨堂で撮った七十三枚の写真は、独特な静けさを湛(たた)え妙に現実離れしたコレクションとなった。あるものは投げ込まれたばかりの骨の山を写し、あるものは複雑な骨の小壁(フリーズ)や、骨を満載したワゴンを通路で押すマネキン労働者に焦点を当てていた。これらはフランス写真協会で展示されると同時にセンセーションを巻き起こした。批評家たちはナダールを、パリの宇宙を横断した神秘的な人物と書き立てた。ジュルナル・デ・デ紙はこの写真家を〝悪魔の首領（ベルゼブブ）〟、つまり地下の支配者と呼んだ。〝過去の世代の遺骸をあっと驚かせた魔法使い〟と書いた新聞もあった。パリの秘密の次元全体がベールを脱いだとして、あるジャーナリストは〝彼と助手たちは地球のはらわたで獅子奮迅、誰も見たことがなかった光景を市民の元に届けることだろう〟と書いた。パリは地下写真の話で沸きたち、ナダールはサロンやカフェの寵児となった。

　だが、話題になるだけではなかった。これらの写真はパリ市民の心を目覚めさせた。街の下側を垣間見た彼らは自分でトンネルに触れ、匂いを嗅ぎ、暗闇を進む自分の足音を聞きたくなった。写真が初めて展示されたのとほぼ同時期に、カタコンブの公開が再開され、瞬く間にこの街最高の呼び物のひとつになった。月に二、三度、その後はもっと頻繁に、シルクハットをかぶった紳士とロングドレスの淑女が群れ集って納骨堂を歩き回り、茶色くなった頭蓋骨の虚ろな眼窩（がんか）をのぞき込んだり、積み重なった脛骨が蝋燭の明かりに揺れるところを眺めたりした。この世のものとは思えない音響効果や湿った土の下にいる感覚に震え、ツアーの最後に壁から頭蓋骨をこっそり抜き取ったり、地下から記念品を失敬したりする輩（やから）もいた。カタコンブのあまりの人気ぶりに、一八六二年、小説家のギュスターブ・フローベールは同じく作家のジュールとエドモンドのゴンクール兄弟とここを訪れたが、三人ともその群衆を見て辟易（へきえき）した。〝これら軽佻浮薄のパリっ子たちに我慢しなければならない〟と、辛辣（しんらつ）なことで有名なゴンクール兄弟は書いている。〝彼らは行楽団体の一員として地下に下り、死者の口に侮辱の言葉を浴びせて面白がっている〟

許可を得ていない見物人も押し寄せた。彼らはカタフィルのはしりで、定められた経路以外のところへも侵入した。恋人たちは地下の逢い引きを計画し、十代の若者は探検の旅に繰り出した。カタフィルの子孫が後年したように、あるパリっ子の一団はカタコンブで秘密のコンサートを開いた。百人の客がダンフェル通りに集まり、馬車を盾にして、地下の入口を滑り下りた。頭蓋骨の上で蝋燭が燃える地下一八メートルで、客たちは四十五人の音楽家が構成するオーケストラの前に座った。その夜の演奏プログラムにはショパンの「葬送行進曲」とサン＝サーンスの「死の舞踏」があった。

私たちは北へ一時間進んだところで野営した。箱形の部屋は十九世紀のある時点で掘り抜かれたものだ。壁に打たれた鉄製リングにハンモックをかけ、リズと私がツナ入りスパゲティを料理した。みんな、黙々と食べた。幸せを感じると同時にくたびれ果ててもいた。まるで月で野営しているかのようで、物音ひとつせず、命あるものもなく、ただ何キロメートルも暗闇が続いているだけだ。ベッドの用意をしていると、クリスが時間を尋ねた。この場所はできてからずっと真っ暗闇で、気温は一四度を保っていて、どんな自然のリズムの影響も受けない、とモウが指摘した。「何時という概念はないんだよ」

目が覚めると、一人の女性が私たちの部屋の戸口に立っていた。片手に持った時代物の錬鉄製ランタンがシューと音をたてて、その裸火が蜂蜜色の光を発していた。見ていると、女性は爪先で部屋の真ん中へ進み出て、小さな葉書のようなものを床に置いた。

「ボンジュール」と私は声をかけ、彼女を驚かせた。

ミスティは四十代で、十六歳の頃から石切り場へ来ていて、この夜はトンネルを一人でさまよい歩いていたという。彼女が地図を持っていないことに私は気がついた。

「ときどき、ちょっと下りて散歩するのが楽しいの」彼女はリズミカルなアクセントで言った。なぜか彼女のブーツには染みが見えず、灰色のブラウスは見るからにクリーニングしたばかりだった。ミスティは石切り場を部屋から部屋へ歩きながら、行く先々に小さな絵を置いていく。カタフィルへのささやかなメッセージのように。彼女が私たちの部屋に置いた紙には、両手で作った三角形が描かれていた。

カタコンブからの出口を見つけたのは午前一時のことだ。私の肩幅よりわずかに広いくらいの猫穴（シャティエール）だった。私たちはほとんど誰も訪れない石切り場の隅にいた。天井はずっと昔に採石場監督局が設置した、何世紀も前の横木で補強されていた。

地下へ下りて二十七時間。耳の窪みと鼻孔には乾いた泥がこびりついていた。

「先史時代の穴居人（けっきょじん）になりかけてる感じ」と、リズがトンネルで両足を伸ばしながら言った。

「髪の毛から何かわからないものをずっと取り除いているの」とジャズが言い、自分のドレッドヘアを調べた。「いま、骨髄が見つかった気がする」

モウは靴下を脱いで小さなヨード瓶を取り出し、足指の爪の甘皮に明るいオレンジ色の液体を塗りはじめた。スティーブが彼を見て目をぱちくりさせた。

「下水道を前にして、僕がささくれを消毒しないと思うか？」

下水道へたどり着くためには、長い共同溝を何本か通り抜けたあとセーヌ川の下へ行く必要があった。カタコンブがこの街の小脳だとすれば、私たちがいるコンクリートのトンネルは静脈、つまり、もっと複雑な器官へつながるささやかな導管だ。歩くうち、地表近くにいることがわかってきた。通りから人々のおしゃべりする声や、ハイヒールがカタコト鳴る音、犬の吠える声が漏れ通ってくる。壁の通気孔からオレンジ色の明かりが見えた――地下駐車場の光だ。しゃがみ込むと、黒髪の女性が車に乗り込み、車をバックさせてから走り去るところが見え、自分が幽霊になって生者の街をのぞいているような気がした。

セーヌ川の下にある共同溝との直結地点が見つからなかったので、いちど地上に出る必要があったが、ほんのつかの間のことだ。地上への梯子がついたマンホール・シャフトの底で、どんな演出で出ていこうかと、ささやき声で相談した。

「死ぬことより捕まることのほうが心配かな」モウがつぶやいた。

「それは大丈夫だ」スティーブが言う。「刑務所にぶち込まれたら、トンネルを掘って出ればいい」

不安からか、クリスの目がぴくっと震えた。

私たちはサン＝シュルピス教会の近くに出た。高級ベビー服店の前だ。警官の姿はなく、無人の路地をジグザグに進んでセーヌ川のほうへ移動した。寂れた通りの端にスティーブがしゃがみ込んで、ぽんとマンホールの蓋を開け、みんなで地下へ滑り下りる。私が体を沈めたとき、塩と胡椒（こしょう）のシェーカーを手にした遅番のウェイター助手と目が合った。ぎょっとした顔をしていた。

セーヌ川の下の共同溝は湿っぽく陰鬱で、潜水艦のような音響がした。ここにも侵入者の痕跡があった。落書きの跡があり、クローネンブルグの小さな空き瓶が転がっていた。川の下を横切りながら、パリの横断面を想像した。それぞれの層が別の層と重なり合っている。私たちの上には、ノートルダム寺院がそびえ立つシルエットに橋と川。ずっと下には地下鉄（メトロ）のトンネルがあり、すぐ通勤者でごった返すだろう。私たちはその中間層にいて、円錐状の小さな光が六つ、暗闇を貫いていた。

ナダールより前の時代、暗くねじれた下水道はパリ市民にとって恐怖の的だった。ヴィクトル・ユーゴーの『レ・ミゼラブル』はナダールの写真が展示される前の二十年ほど（一八一五〜一八三三年）を描いており、下水道は複数の要素をはらんだ、都会の悪夢めいたものの象徴だった。ユーゴーは次のように書いている。〝巨獣のはらわたはねじくれて、裂け目ができ、丸石がはがれ、いくつも溝ができ、奇妙な曲がり角がいくつもあって、さして理由もないのに上がったり下がったりし、悪臭がたちこめ、野蛮かつ獰猛で、闇に沈み、敷石には傷跡が壁には切り傷があり、見るからに恐ろしい〟

一八五〇年代、ナポレオン三世の下で働いた有名な都市計画家ジョルジュ＝ウジェーヌ・オスマンが下水道を全面的に改造した。この街の通りのはらわたを抜き、六四〇キロメートルにわたって新しいパイプを敷いた。技師たちがそれぞれのパイプを一メートルにつき三センチの傾斜で設置した。このなだらかな角度なら楽に歩けるし、一定して水を流すこともできる。彼らは試験をくり返して、動物の死骸が市内の端から端まで流れるのに十八日かかり、色紙だと六時間ですむことを知った。しかし、どれだけ改造しても、市民の嫌悪感を和らげることはできなかった。一日じゅう、パイプから汚物をこすって洗い落としている下水労働者以外に、進んで下水道に入ろうとする者などいなかった。

下水道に入って一分半ほどだったろうか、先頭のスティーブが叫んだ。「ネズミだ!」バンディクートくらい大きな灰色のネズミが足もとを流れる下水の中を軽やかに駆けていった。私たちが飛び上がってパイプをまたぐと、ネズミはその下をくぐり抜け、水面にささっと尻尾を動かしてV字形の波跡を立てた。

北に向かい、セバストポール通りの下にある下水トンネルに着いた。広く丸い煉瓦張りの水路で、両側に二本の太い送水管があった。一本には飲料水が流れ、もう一本には非飲料水が流れている。細い支流のパイプはすべてこのトンネルに流れ込む。中央の窪みに流れているのは埋め込み式のキュネットと呼ばれる水路で、幅が一・二メートルあり、蒸気でかすんでいる。地上で拒絶された考えられるかぎりのものが流れていた。一分間物当てクイズの「アイ・スパイ」よろしく、流れているものを挙げてみよう。浣腸器、鳥の死骸、水浸しの地下鉄切符、細かく切り刻まれたクレジットカード、ワインのラベル、コンドーム、コーヒーフィルター、トイレットペーパーの塊、そして大便。「下水の生もの」とモウは言った。〝人糞〟を意味する都市探検家たちの隠語だ。

私たちは準備に取りかかった。リズが全員の手に消毒剤をかけ、モウがガス検知器を始動させると、スティーブが見てくれとみんなに呼びかけた。

お天気番のイアンからメールが来ていた。

〈降雨予報、雷雨になる見込み、濡れそうだ〉

スティーブが、彼を囲んでいるみんなの顔一人ずつを見つめたが、ためらう者はいなかった。三十一時間も地下に潜ってきたのだし、ここまで来てあきらめるわけにはいかない。

「用心だけはしておこう」スティーブが言った。キュネットの水位や支流のパイプから流れ込む水から目を離さないかぎり大丈夫だ、と彼は言う。

スティーブは地球上の誰より下水道に閉じ込められたときの事情に詳しく、それは慰めにもなったが、逆に不安をかき立てもした。暴風雨になったらどうなるかを事細かに語ることができたからだ。彼はぬるぬるしたトンネルの壁に指で小さなグラフを描き、水位の爆発的上昇を図示した。「ニューヨーク、ロンドン、モスクワのトンネルを歩いてきた」彼は言った。「しかし、これまで見たなかでいちばん勢いが強いのは、パリだ。あっという間に向こう脛（ずね）や膝や腰の上まで水が上がってくる。水位が上昇しはじめたら、いちばん近くの梯子まで死に物狂いで駆け込むこと」

トンネルを進むあいだ、口を開く者はいなかった。私はほとんど爪先で歩いていた。一段高くなった狭い通路は滑りやすい。密林にいるような雰囲気で、ゴボゴボ、ガラガラいう水音やげっぷのような音が周囲から上がってくる。パリの新陳代謝の音だ。悪臭は想像していたほどではなく、掃除が必要な冷蔵庫の臭い程度だったが、それでも体に染みつきそうな気がした。暗い分岐合流点に、ぬるぬるした管と弁でできたピラネージ〔イタリアの版画家・建築家〕風の装置があった。五メートルくらい上に取り付けられた装置の下を通りすぎるとき、リボン状に裂けたトイレットペーパーが見えた。このパイプにトイレの水が勢いよく押し寄せた証拠だ。

ある地点で支流から水が勢いよく流れ出し、その衝撃がびっくりするくらいトンネルに反響した。私たちはぎょっとして凍りつき、目を見開いて、いちばん近くの梯子へ駆け込む用意をした。「心配ない」と、スティーブが言った。上のアパルトマンの早起きさんがトイレの水を流したのだ。「地下にいると、どんな音でも大きく聞こえる」彼は私たちに注意した。「小さな水しぶきでさえ、ナイアガラの滝みたいな音になるんだ」

ナダールはかつて、カタコンブ訪問直後に下水道の探検を開始した。

何週間かこの街の消化器官の中を歩き、助手たちが狭い通路を上り下りして苦労しながら用具を運んだ。カタコンブに比べ、下水道には撮影を阻む難題がはるかに多い。地上のあらゆる変化に影響を受け、少しでも雨が降ったり、トイレの水が一度でも流されたりすると、露出に必要な十八分の静けさは持続できない。シャッターを開くたび、ナダールと助手たちは撮影を邪魔するものが現れないよう祈った。

〝あらゆる事前対策を取り、あらゆる障害を取り除いたり対策したりしてきたのに、露出時間の決定的な最後の数秒に、突然水から蒸気が立ち上って、蒸気が感光板を曇らせる。そんなとき、どのような呪いの言葉を地上の美しい淑女や善き紳士にかければいいのだろう。私たちの存在など疑いもせず、その瞬間を選んで風呂の水を入れ替える人たちに〟

ナダールの下水道写真には影のようなパイプが神秘的な微光とともに写っている。あご髭を生やしたマネキンが下水労働者のつなぎの作業服を着て、労働者らしいポーズで寄りかかっている写真もあった。抽象的な、幾何学的な線に焦点を当てた写真もあった。一本のパイプが二本の水路に分

岐していたり、下水がぼんやりかすんだ感じで流れていたりした。パイプの蒸気のせいで、どの写真にもほのかに霞がかかり、ベールの後ろから光を当てたかのようだ。

ジャーナリストや評論家は、ナダールの写真をまたも絶賛した。ある新聞はナダールをパイオニアと表現し、パリの街に長く害を及ぼしてきた地下の不毛の地で、危険と裏切りをものともせず、〝息苦しい空間で、電池から出る有毒ガスで半分窒息しそうになりながら〟写真を撮ったと褒め称えた。哲学者ヴァルター・ベンヤミンはこれらの写真を、〝レンズが発見するという仕事を初めてあたえられた〟と評している。

かくして、パリのいたるところで人々は下水道のマンホールを開けはじめた。夜遅くに下りていき、蝋燭に火を灯して散策した。一八六五年にラ・ヴィ・パリジェンヌ誌に掲載された深夜作戦の記事は、下水道を新たな遊歩道とみなしていた。

〝そこには魅力的な出会いが待っています。私は美しい伯爵夫人Tに出会いました。お独りのよう

でした。侯爵夫人Dも見かけましたし、ヴァリエテ劇場のN嬢と親しくなりました〟

同じ記者が、下水道の魅力が緑地公園のそれを上回る日が来るだろうと予測している。〝下水道を馬に乗ってめぐることが可能になったら、ブローニュの森には間違いなく人がいなくなるでしょう〟

一八六七年のパリ万国博覧会で、市が下水道の公式ツアーを開催すると、ヨーロッパ各地から見物客が押し寄せた。高僧や王族、外交官や大使がコンコルド広場近くの鉄製螺旋(らせん)階段を下り、ふだんは下水労働者がパイプを清掃するときに使っているワゴンに乗った。「四輪軽馬車(チャリオット)にはクッション敷きの座席があり、角を石油ランプが照らしていた」と、ある見物客は回想した。ボンネットをかぶりハイヒールを履いた貴婦人たちがレースの傘を携え、市の排出物の中を滑るように進む。下水労働者がゴンドラの船頭になって運河を漕ぎ下る。

同時代の旅行案内書には次のように記されている。〝みなさんご存じのように、著名な外国人はみな、パリを去る前にぜひともこのツアーに参加したいと願いました〟

ナダールもパリのヘルメス役を喜んで受け入れた。ヘルメスは霊魂を冥界に導き、地上と地下を対話させた。ナダールは写真発表後の数年間、下水道と石切り場で個人ツアーを催し、忍び笑いをする団体を暗闇へ導いたことが知られている。彼は写真つきの随筆で、自分に続いて深い淵に入るよう一般大衆を誘った。みずからの信奉者の一人に呼びかけ、こう書いている。〝奥さま、あなたのガイドを仰せつかります。私の腕をつかんでください。ともに世界を追いかけましょう〟

大詰めを迎える前、私たちはサン・マルタン運河地下の堤防で野営した。広いアーチ形のトンネルには緑色の水がおだやかに流れ、薄もやのような朝の光が向こう端から差し込んでいた。時刻は午前八時頃。地上ではそろそろブラッスリーが開店し、ウェイターたちが銀器をテーブルに並べている時間だ。私たちは壁面に渡された手すりにハンモックを吊るした。アルピニストが絶壁でビバークしているかのように。スティーブが寝ずの番を買って出た。

ハンモックに身を横たえ、ナダールの写真のことを考えているうちに、パエトンの神話の一場面を思い出した。若いパエトンは父ヘリオス〔太陽神アポロン〕を説得し、燃え立つ太陽の馬車に乗って大空を飛ばせてもらえることになった。飛び立ったものの、たちまち少年は馬の手綱を御せなくなり、馬車は暴走して地上へ向かった。熱で川が干上がり、砂漠ができ、山頂が燃え、やがて馬車が地上に近づきすぎたため地面にぽっかりと穴が開き、そこから地下へ光が差し込んだ。急いで穴の端へ近寄った人々は、真下に冥界の全景が見えることに初めて気がついた。ぐるりと炎に囲まれた湖やアスフォデルが咲く薄暗い〈不凋花(ふちょうか)の野〉から、奈落(タルタロス)までが見えた。人々は冥界の王ハデスと王妃ペルセポネが王座から目をぱちくりさせて自分たちを見たところまで目撃した。長く恐れてきたこのような地獄の風景を目の当たりにして、しかし人々は穴の端から離れようとしなかった。暗闇をのぞき込んだまま、ずっと目を逸らすことができなかった。

　みんなが眠りに就いて二時間半くらい経った頃、運河をすうっと下ってくる一艘(そう)のツアーボートにスティーブが気づいた。船長に見つかって警察に通報される前にと、彼は私たちを揺り起こし、全員でそっと暗闇の中へ戻った。

パリの地下横断を締めくくるのはジャン・ジョレス通りの下にあるトンネルだった。四角形の長い回廊は広大でなんの装飾もなく、一車線道路くらいの幅がある下水道の水が轟音をたてながら中央を流れ下っていく。スティーブによると、私たちは本線を歩いているらしい。パリのほとんどすべての廃水がこの足もとを流れているのだ。

出発から三十八時間が経ち、今や目的地が近いことを実感した。勝利の気分や安堵の思い、達成感に浸っていてもいいところだが、みんな足を引きずり、目は充血していた。疲労困憊(こんぱい)し、感覚が麻痺していた。長い時間をかけて長い距離を歩くうちに吸い込んできた地下の瘴気(しょうき)のせいではないか、と私は思った。

「いざ、フランスを北へ押し進まん！」スティーブが言った。

滑りやすい通路に歩を進めながら、何度もまぶたが閉じそうになった。できるだけ壁際で、一歩ずつ足を運ぶことに神経を集中した。何十メートルか進むたび、地上の通りの名前が記された小さな支流パイプを通過した。モウは地図を手に、前を歩きながらそれぞれの通りの名前を読み上げ、目的地までの距離をカウントした。

「あと五〇〇メートル！」

一歩進むごとに運河の奔流が激しくなり、一段高くなった狭い通路の端に下水が跳ねかかり、やがては靴の上にも打ち寄せた。地下が私たちを押し出そうとしている。

地上へ出ると、真昼の明るい太陽が照りつけていた。市の境界をちょっと越えたところで、私たち六人は梯子を上がってマンホールからトルコ料理店の近くへ出た。顔は汚れ、髪は泥やヘドロでもつれ、服は水浸しで、悪臭を放っていた。

穴から出てきた私たちを見て、歩道の通行人が動きを止め、後ろへ跳びのいた。レストランのウェイターはフォークとナイフを落とした。ピンクのセーターを着た年配の女性は歩行器に寄りかかったまま、目を見開き、口をぽかんと開けて、こちらをまじまじと見つめていた。そして、ほんのしばらくだが、スティーブがマンホールの蓋を元に戻すまでのあいだ、通りの人々が身を乗り出してぽっかり空いた地下へつながる穴の中をのぞき込んでいた。

私たちは全員で近くの公園までよろめき歩くと、ついにシャンパンサーベルでお祝いのボトルを開栓したのだった。

第3章

地球深部の微生物

——NASAの野望

石は不可視なものとともに生きている

シェイマス・ヒーニー『ものの奥を見る』

一八一八年四月、オハイオ州のジョン・クリーブス・シムズという男が地球内部への潜行に挑むと宣言した。シムズは三十八歳の退役陸軍大尉で、辺境の街セントルイスで交易所を営んでいたが、この任務に関する正式な声明書を五百人以上の要人に送った。連邦議会議員、科学者、新聞社主幹、教授、博物館長、そしてヨーロッパの数人の王子にも。〝世界の皆様へ。私は地球の中が空洞状で、そこで居住が可能であると断言します。地球内部にはいくつもの同心球が層を成しています〟彼はそう書いた。また、得体の知れない未知の生命体がいて、それは未発見の人類かもしれず、北極と南極の巨大な丸い開口部がそこに続いている、とした。〝私は命を懸けてこの真実を証明することを誓います。皆様の支援と援助をいただけるなら、いつでもその空洞の探検に出る用意があります〟

宣言の締めくくりに、彼は人員の招集をかけた。

〝意欲と知識を備えた勇敢な仲間を百名募集します。まずは秋にシベリアを出発し、トナカイの引く橇（そり）に乗り、凍った海の上を走ります。私は地球内部に温暖で豊かな土地を見つけることを約束します。実り豊かな野菜があり、人間とは言わないまでも動物たちがいる土地を〟

大尉の宣言にはなんの反応も返ってこなかった。裕福な王子から支援の手が差し伸べられたわけでもなければ、〝勇敢な仲間〟が名乗り出たわけでもなかった。それでもシムズはくじけず、講演旅行に乗りだして、自分の〝地球新説〟への支持を集めようとした。埃をかぶった古い馬車で辺境（フロンティア）を旅し、町から町へ移動した。酒場や集会場の外で、自説の説明に役立つ小道具をずらりと並べた。金属の削りくずに磁石、くるくる砂を回すボウル、てっぺんと底に開口部がついた木製の地球儀などだ。彼は何時間か、地下にある未知の国の話をしては聴衆を楽しませた。

つかの間シムズは称賛を受けた。小柄で神経質そうに見えたが、彼は精力的な実演家だった。聴衆は大尉の地球内部の想像を楽しんだ。新しいフロンティアが探検され、成長を続けるアメリカ合衆国に組み入れられるときを待っている――そうした筋書きは受けたし、世間は彼を〝西のニュートン〟と呼ぶようになった。噂が広がり、地球内部の話は新聞や雑誌にも取り上げられた。しかし大衆は、彼の仮説を支える科学的知見に触れ、これがどんなにばかばかしい話か気がついた。

シムズは土星に同心の環がある事実に基づき、同心性は自然界の普遍的デザインと結論づけた。ゆえに〝すべての惑星と天体は空洞にちがいなく〟、球体が〝入れ子状〟になっていると考えたのだ。シムズはぺてん師とみなされた。〝その説は病的な想像、あるいは半狂乱の産物と嘲（あざけ）られ、打ちのめされた。挙げ句、長年格好のジョークのネタになった〟と、ある歴史家は記している。

自説が嘲笑を受けても、なお大尉は講演を続け、嘆願書を起草して連邦議会に送り、遠征のための財政支援を求めた。一八二三年、ロシアの政府高官を務めるロマノフ王朝の伯爵が説得に応じ、いったんは探検資金を提供してくれることになったが、土壇場になって手を引いた。一八二九年、カナダとニューイングランドへの講演旅行中、大尉は病に倒れ、西へ向かう馬車の後部座席で亡くなった。四十八歳だった。最後には、あからさまに狂人扱いされていた。地下世界と地球内部の生命体というおとぎ話を追って人生を無駄にした男だと。

ところがシムズの死から数年後、西洋の人々は奇想天外な地下生命体の物語に夢中になった。大尉の説がさまざまな小説家や芸術家の作品に姿を表したのだ。エドガー・アラン・ポーはシムズの説を支持して作品の主題にし、「壜の中の手記」という短篇や、船乗りが地球内部の世界を航海する長編『ナンタケット島出身のアーサー・ゴードン・ピムの物語』を書いた。地球空洞説を翻案したジュール・ヴェルヌの『地底旅行』では、主人公リーデンブロック教授がアイスランドの火山を下りて、古代爬虫類が棲む秘められた世界に向かう。小説家のH・G・ウェルズ、ターザンの生みの親エドガー・ライス・バローズ、『オズの魔法使い』の作者L・フランク・ボームをはじめ、地球内部の世界を舞台に物語を書いた作家は枚挙にいとまがない。十九世紀最後の十年間で、アメリカ合衆国だけでも地下生命体に関する小説は百冊以上出版されている。

私にとってシムズ大尉は最初の地下英雄(ヒーロー)の一人だ。いっとき、彼の顔写真を切り抜いて机の上にピンで留めていたほどだ。失敗した科学者というより詩人、一見突拍子もないけれど心に沁みる謎を散りばめ物語を語った超現実主義者(シュールレアリスト)として大尉を愛していた。興味を持ったのは、地球内部に生命が存在するというシムズの発想がどのような過程を経てまとまっていったかだ。まるで、古代の真実にたどり着き、実際にそこに触れて共有した深い記憶を力説していたかのように思われた。

シムズ大尉のことを考えていたある夏、某微生物学者チームに関する話を偶然耳にした。彼らは砂漠で地下一・五キロメートルほどの試錐孔(しすいこう)〔地面に垂直にボーリングで空けた穴〕の底へ下りて、興味深いもの、つまり生物を発見したという。それはくねくねとうごめく奇妙な単細胞バクテリアで、想像を超える深い地下で生きていた。あとでわかったことだが、微生物学者たちは世界じゅうの洞窟、廃鉱その他の深い空洞でも同様の生命体を見つけていた。それら微生物は他の生物ならしおれてしまうであろう完全な暗闇、焼けつくような高

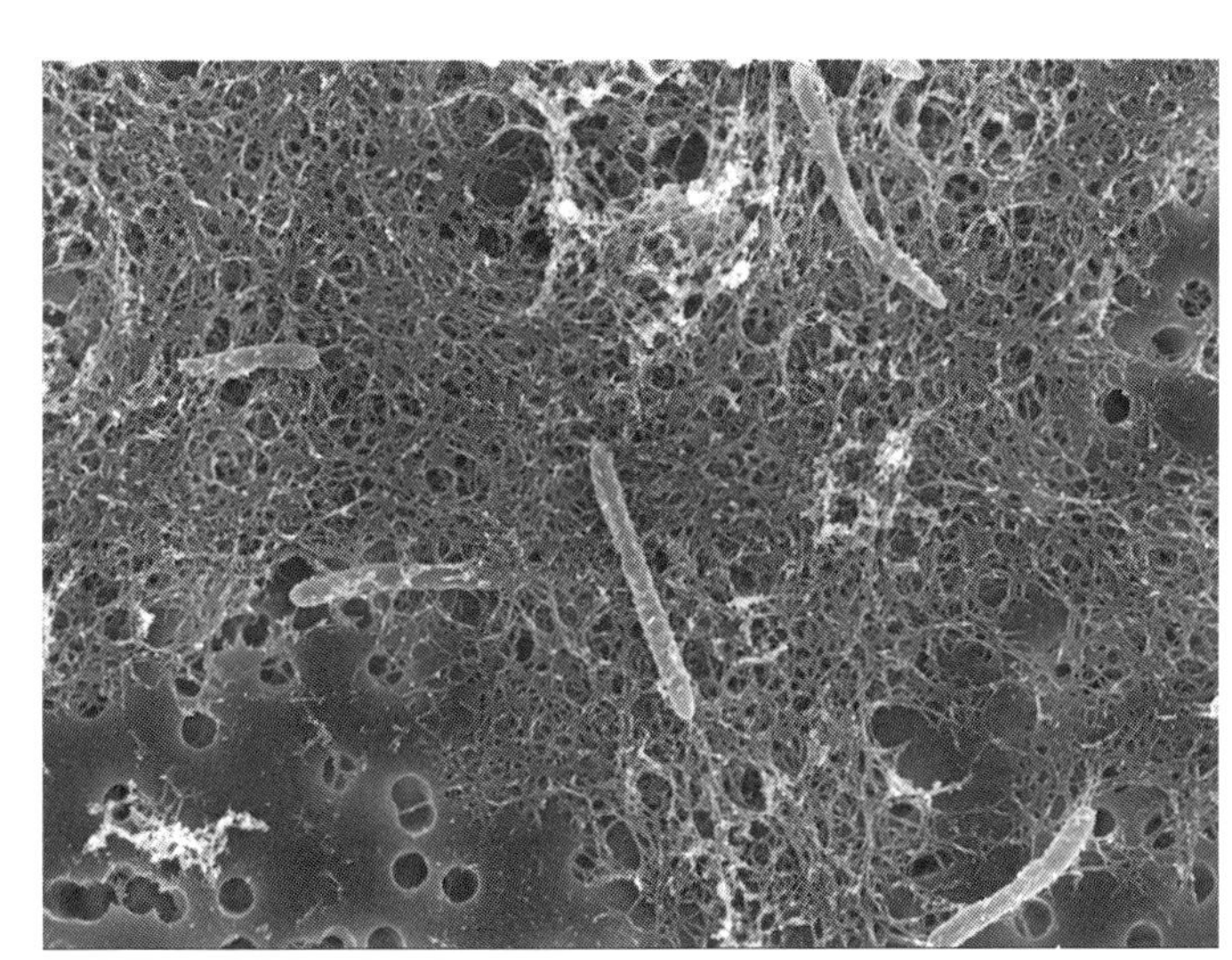

温、極端な高気圧、わずかな酸素、乏しい食物といった厳しい環境で暮らしていた。そのありようは既知の生命とあまりにかけ離れていて、遠くの惑星から来たと言ってもいいほどだった。実際、NASAは火星の生命と類似している可能性を考えて、研究を開始した。微生物は至るところに存在することがわかった。地殻の内側や、多孔質岩石の微小な通路を流れる地下水にまで。しかも、はるか昔からだ。地上世界から切り離されて数百万年生存してきたものもいる。シムズ大尉が生きていたら、地球内部で生きている謎めいた古代の有機体群をその目で見られただろうに。

なにより私が驚いたのは、地下深部に棲む生物は地球最初の生命体とつながりがあり、生命の起源は地下にあると信じる生物学者たちが少なからずいることだった。きっと大尉は大喜びしただろう。科学の世界は長らく、地上の温かい水たまりが生命の揺りかごになったと考えていたが、これら微生物研究者が示唆するところによれば、地上の生命はまず地下に根を下ろした。ハイエナやハリネズミ、カブトガニ、カバ、人類といった生き物の祖先は、地殻深部で進化して、はるか昔のある時点で地上へ出てきた微生物なのだ。

人類のどこかに、地下で生まれた祖先の幻の痕跡があるかもしれないという考えに魅せられた私は、その微生物学者チームに会いにいくことにした。NASA宇宙生物学研究所の〈地下生命体〉と呼ばれる実験に取り組んでいる人々だ。彼らはサウスダコタ州にいて、ホームステイクという名の廃鉱になった金山の深部で地下微生物を探していた。深度一・五キロメートルという、これまで私が経験したよりずっと深い地球の内側に潜っていた。

春の午後、ドームのような広い青空の下で、私はヨコバイガラガラヘビのように蛇行する道路を通ってブラックヒルズ山脈に入った。ポンデローサマツが周囲にそびえる金色の湖の風景を通り抜け、大きな岩が並ぶ轍(わだち)のついた草地を通り、バッファローが群がる大草原を越えた。

ブラックヒルズは親指の指紋のような形をした山脈で、面積は一万一七〇〇平方キロメートル。ほとんどがサウスダコタ州の西部にあり、北端はワイオミング州まで延びている。北米最古の石が含まれ、約七千万年前に周囲の平地に押しつぶされて花崗岩と砂岩ができた。暗い色の松やトウヒ、モミに囲まれたこの山脈は、大平原(グレートプレーンズ)の淡いヤマヨモギを背景に黒いシルエットを浮かべている。山が先のとがった巨大動物のようにそびえているからか、頂上で稲妻が痙攣(けいれん)を起こしたように光るせいか、ブラックヒルズは長いあいだ霊的な畏怖の対象となってきた。十九世紀に訪れたある旅人は〝日干し煉瓦の精霊か、はたまた、大嵐を呼ぶ雷(いかづち)の霊か〟と表現した。

グレートプレーンズのアメリカ先住民は少なくとも一万三千年前からこの地域を歩き回っていて、ブラックヒルズはずっと聖なる土地だった。バッファローやアンテロープ〔ウシ科の動物。レイヨウ〕を狩り、薬用植物を採取し、松の木を伐採する地だ。先住民は危険を冒して山中の隠れた峡谷に入り、石壁に顔面彫刻を彫り、ビジョン・クエスト〔荒野で断食しながら一人で大自然とともに過ごし、今後の人生のビジョンを受け取ること〕に乗りだして霊的世界と交信しようとした。この山脈にもっともつながりが深い部族はラコタ族で、彼らはこの地域を祖先の故郷、祖先が生まれた場所と主張し、

〝そこに存在するものすべての中心〟という意味の〝ワマカ・オグナカ・イカンテ〟と呼んでいる。

ニューヨークのアパートを出る前、私は思いついて、ラコタ族の信仰と習慣に関する昔の本をバッグに投げ込んだ。ジェイムズ・ウォーカーという医師が十九世紀末にパイン・リッジ保留地［オグララ・ラコタ族の保留地］で働いていたときのメモに基づくものだ。地下微生物に関する膨大な文献に目を通すときの気晴らしになればと思ったのだが、離陸時に読みはじめたらやめられなくなった。わかったのは、ラコタ族には不思議なくらい地下に固執する文化があったことだ。エイモス・バッド・ハート・ブルというラコタ族の美術家がブラックヒルズの聖なる土地を描いた古地図には、地下空間も配置されていた。例えば、部族は山の南西部にある一群の聖なる温泉に強く惹きつけられ、祖先がバッファローを追い落としたすり鉢状

の穴の周囲で儀式を行っていた。とりわけ、彼らは洞窟の入口に集まった。なかでも、〝息をする洞窟〟という意味の〈ワシュ・ニヤ〉は、白人から〈風の洞窟（ウィンドケイブ）〉と呼ばれる、めまいがするほど複雑に入り組んだ世界最大級の洞窟だ。洞窟の開口部は死後の世界へ導く管と考えられていた。現世から冥界への入口だ。

〈地下生命体〉チームに合流するため、山を縫うように北東部をめざしていたとき、私はふと、自分の到着が背後からラコタ族の信仰に照らし出されているような気がした。

NASAの〈地下生命体〉チームが生命の隠れた領域を調べはじめたのは、二〇一三年のことだ。南カリフォルニア大学の生物学者ジャン・アメンドが、カリフォルニア工科大学、ジェット推進研究所、レンセラー工科大学、ノースウェスタン大学、砂漠研究所から集まった六十人の科学者を率いて、地球の精査に着手した。彼らは世界中の試錐孔や鉱山の縦穴（シャフト）の深くまで下り、天然温泉や海底の下へも行った。すべての場所でサンプルを採取し、持ち帰って研究室で調べた。究極の目的は火星の微生物を探すことで、地表の下に棲んでいる可能性が高いと彼らは信じていた。そこなら地上の過酷な環境から守られるからだ。しかし、誰かが地下生命を探して〈赤い惑星〉を荒らし回る前に、彼らは地球地下の生物にもっと精通しておきたいと考えた。このような奇妙な生き物はいかにして地下での生活を切り開いてきたのか、と。

デッドウッドの町の、昔風のカジノが並ぶ細長い通りの先に「モーテル6」があり、その駐車場で、私は〈地下生命体〉チームの三人とジープに乗り込んだ。運転席のブリタニー・クルーガーはラスベガスの砂漠研究所から来た地球化学者だった。三十代前半で、青い瞳に長い金髪のポニーテール。ロック・クライマー特有の引き締まった腕をしている。現場調査にいそしむ生物学者でもあり、「四六時中現場で過ごすので、ひどく汚れる」と言っていた。助手席のケイトリン・カサールはノースウェスタン大学から来た地球生物学者で、背が高く細身で、おおらかな感じ。茶色いショートヘアで、大きな耳飾りを付けていた。もう一人はトム・リーガンといい、彼が鉱山深部への案内人だった。

車はリードの町に入った。小さな家が立ち並び、それほど高くない町役場の庁舎があって、一見なんの変哲もない西部の小さな町だが、その中央には巨大な口がぽっかりと開いていた。町をほぼ穴が占めている。地表からはホームステイク金鉱の〈傷口（オープンカット）〉と呼ばれる一帯しか見えない。幅八〇〇メートル、深さが三八〇メートルあるため、周辺のどこからも底は見えない（「ホームステイク金鉱ウェルカムセンター」で五ドル払うと、穴の縁めがけてゴルフボールを打つことができる。誰でもホールインワンだ）。

ホームステイク鉱山はもともと、アメリカ政府による下劣で恥知らずな土地の横領から生まれた。一八六八年、政府はラコタ族にブラックヒルズの所有権をあたえる条約に調印し、白人はラコタ族の許可なくその地域に入ってはならないとした。ところが、その六年後、金が採れるという噂が山から聞こえてくると、条約はたちまち反故にされ、人々が押し寄せ山を掘りはじめた。大物実業家のジョージ・ハーストが一八七七年に開いたホームステイク鉱山は、彼らの開けたなかでも最大の穴だった。それから一世紀半は、西半球でもっとも生産性の高い鉱山となった。深さ二・四キロメートルで、トンネルが六〇〇キロメートル。言わば、産業によって生まれたグランドキャニオンだ。二〇〇一年、鉱山の利益が上がらなくなって深部のポンプが塞がれ、採掘場には徐々に水がたまりはじめた。

その後、二〇一二年まで操業を停止していたが、所有者たちが科学研究所「サンフォード地下研究施設」（SURF）として活動を再開した。物理学者が地下深くで行う研究には最適な場所で、岩塊が宇宙放射線の天然フィルターになった。私が訪ねた日、SURFでは十四の実験が進行中で、大半が鉱山を改造した場所で行われていた。研究施設は蛍光灯に照らされ、床は鮮やかな色のタイル張りで、大学院生たちがノートパソコンに向き合っていた。遠く離れた施設もあった。深度一・五キロメートル弱の暗い未開の地の岩は手つかずの状態で、壁から熱蒸気が染み出していた。私たちはそこへ向かった。

〈地下生命体〉チームと私は、コンクリートに覆われた通路でエレベーターを待った。ケージと呼ばれるこのエレベーターが私たちを深い地底へ運んでいく。最初は深度二五〇メートル弱、そのあといちばん底で止まる。施設作業員が通りすぎた。がっしりした体つきの元鉱夫たちで、今はトンネルの保守をしているという。次は、物理学者。痩せた眼鏡の男たちで、研究室で一日を過ごす。私たちはみな装備に身を包んでいた。分厚い青のつなぎ、ヘルメット、ヘッドランプ、安全ゴーグル、ゴム製の安全長靴、自給式人工呼吸器。呼吸器は手榴弾サイズの容器に入った一種の外付け人工肺で、火事かガス漏れの場合にのみ作動させる。

「下へ行くと、少し不安を感じるかもしれない」トム・リーガンが言った。「でも、冷静でいるかぎり大丈夫」トムはSURFの安全専門家で、六十代後半。背が低く眼鏡をかけたベトナム戦争退役軍人で、スピアフィッシュの町の先にある教会で助祭もしていた。初対面のときの印象は薄かった。おもに安全関連の頭字語について説明し、起こり得る事故を防ぐための決まりを並べ立てた。不愉快な人物だったわけではないが、倦(う)み疲れた感じで、堅苦しく、醒めた感じがした。いずれにしても、彼にはあまり注意を払わなかった。なにより地下深部への降下に不安を感じていたからだ。

一〇〇メートル以上の深みへは下りたことがない。これから、もっとずっと深いところへ行くのだ。自然のままの地底に到達した人が肝をつぶしたという話は、ときおり耳に入っていた。完全な暗闇や、閉じ込められた感覚、一・五キロメートルもの厚さの花崗岩層が頭上にあるという厳然とした事実に精神が参ってしまい、たちまち地上へ連れ戻されたという。そんな話を聞くと、かつて縦形洞窟の真っ暗闇にロープで仲間を下ろしたイングランドの洞窟探検隊の話を思い出した。仲間が暗帯(ダークゾーン)に入るや、たちまち恐ろしい悲鳴が聞こえ、彼らはすぐに男を引き上げた。男は白目をむき、髪が白くなっていたという。私は緊急呼吸器のクリップを指でいじくり、人間は生理的にどれほど暗闇の世界に適しておらず、地下ではどれほど異質の存在なのだろうかと考えていた。

　ガタガタ音をたててケージが現れ、扉が開くと、私たちは金属製格子の壁に囲まれた大きな鋼鉄の箱に乗り込んだ。ケージの操作係はサイのような体つきの男で、つなぎの服を着て、頬は煤で汚れていた。彼はトムと握手し、ブリタニーとケイトリン、そして私を見てにやりとした。「今日は地下に何を探しにいくんだ？」彼はエンジンの轟音にかき消されないよう声を張り上げた。「それとも、ちょっとしたお散歩か？」

　ブリタニーが「微生物！」と大声で言った。

　ケージ係は大きく笑って、やれやれとばかりに首を横に振った。

　彼がレバーを引くと、扉がカチンと音をたてて閉まった。「下へ！」という彼の声とともに、ケージは重低音を発してがくんと揺れ、真っ暗闇に向かって降下しはじめた。私は床を見た。ヘッドランプが格子の隙間を照らし、これから一・五キロメートルもの空間を下りていくのだと強く意識した。縦穴の岩壁が滑るように過ぎていく。最初はゆっくり、そしてどんどん速くなり、私たちはロケットのように地底へ突進した。


　人類は長らく、地下で生物がひそかに暮らしている可能性に心を奪われてきた。紀元前五世紀に書かれた『歴史』で、古代ギリシャの歴史家ヘロドトスはエチオピアの洞窟の暗闇で暮らす人種について述べている。ギリシャ語の「troglo」（穴）と「dyte」（入る）が組み合わさった「Troglodyte」

（穴居人）は夜行性のアルビノの小人族で、トカゲを食べ、太陽にさらされると〝ぎゃーぎゃー叫ぶ〟と記されている。ヘロドトスの『歴史』には典拠の怪しい話が数多く載っていて、たとえば犬くらい大きな蟻がインドで金を探して土を掘るといった話もあったが、穴居人の話は長く語り継がれてきた。目撃証言すらまったくないのに、地底人については地理学者のストラボンや博物学者の大プリニウスからカール・リンネまでが、くり返し言及している。リンネは十八世紀スウェーデンの植物学者で、自然界の分類学的分類の基準をラテン語で確立した人物だ。人類にはふたつの種が存在し、ひとつは地上、もうひとつは地下で暮らしている、と彼は明言した。〝昼行性人（ホモディウルヌス）〟は地上の日光と酸素に頼って生きている。洞窟の奥の暗闇では〝夜行性人（ホモノクトゥルヌス）〟が暮らし、夜に狩りをする。暗闇を愛する地底人が存在するという現実性（リアリティ）は次第に薄れていったが、隠れた片割れがいる可能性が人の心をつかんだのは明らかだった――反転した自分、陰の自分を無意識的に探しているかのように。

　地下に棲む生命の存在が初めて発見され確認されたのは、一六八九年、トリエステの貴族ヨハン・ヴァイチャード・フォン・ヴァルヴァソール男爵がスロベニアの史書を出版したときだ。カルストと呼ばれる洞窟だらけの地域を描写するところで、暴風雨のとき三〇センチほどの蛇のような動物が洞窟の口から飛び出てきたと、ヴァルヴァソールは記している。地元民にはよく知られた生き物で、地下に棲む龍の未発達の子孫と信じられていた。ヴァルヴァソールはそれをホライモリと呼んだ。水生のサンショウウオで、いつも地下で暮らしている。チャールズ・ダーウィンは『種の起源』で自説の適応進化の例としてホライモリを挙げた。かつては地上に暮らしていたが、おそらく捕食者からの避難場所である地下環境で過ごす時間が長くなり、何百万年かのあいだに地下生活に役立つ身体的特徴が引き継がれていった。食糧が乏しい地下環境で著しく効率のいい代謝を発達させ、丸一年何も食べなくても生きていけるようになった。そのいっぽう、永久的な暗闇の中では紫外線から身を守る必要がないため色素を失い、皮膚は死体のような象牙色になった。目も退化し、皮膚の下に完全に隠れてしまった。

ほどなく、生物学者は洞窟に棲む何種類もの動物を確認しはじめた。〝陰（シェイド）の動物〟は洞窟の入口に棲み、〝薄明帯（トワイライトゾーン）の動物〟は散光が届く範囲に棲む。そして最後が〝暗帯（ダークゾーン）の動物〟、すなわちホライモリのような真洞窟性動物だ。この動物はすんなりと地下生活に適応し、地上では生きられなくなった。洞窟探検によって真洞窟性動物の夢のような群像が明らかになった。アルビノのナマズ、真珠光沢

のある蜘蛛、盲目の甲虫、透明なカニ、目のない昆虫などだ。彼ら真洞窟性動物は地下唯一の居住者と考えられ、他の生物が暗帯（ダークゾーン）で生き残れる可能性はない。

地下王国の扉が勢いよく開いたのは一九九四年のことだ。ニューメキシコ州のペニー・ボストンという若い女性の生物学者が、深度六〇〇メートル強の〈レチュギア洞窟〉の底に下り立った。「地球にいながらにして他の惑星へ行ったのとほぼ同じ環境」と彼女は言った。深すぎて、どれほど屈強な真洞窟性動物でも生存はかなわなかった。ところが、ボストンが洞窟通路天井の柔毛に覆われたような茶色い地質の成長を精査していたとき、一滴の水滴がぽとりと直接目に落ちた。驚いたことに、目がぷっと膨れ、腫れ上がって開けられなくなった。これが意味するところはひとつしかない。バクテリアだ。つまり、想像を絶する深い地下の洞窟に棲む、ちっぽけな微生物に感染したのだ。

そこで研究者たちは地下の他の場所にも興味を持った。洞窟以外の見たことがない領域、岩石でできた地殻の下は、人間の尺度では硬い場所と考えられていたが、実際には細孔や割れ目に地下水が流れ込んで海綿状に膨れていた。地殻中に生命が存在するという提言に対し、科学界は、暗すぎ、暑すぎ、高圧にすぎ、食糧が乏しすぎてありえないと嘲笑（あざわら）ったが、それでも何人かの微生物学者が調査に向かった。身をかがめてガス試錐孔や油井（ゆせい）、人工空洞に分け入り、ドリルで穴を開けて深部の水のサンプル採取を試みたのだ。すると果たせるかな、どの場所からもバクテリアの活発な共同体が見つかった。深度についても同様で、三〇〇メートル、一・五キロメートル、三キロメートルのいずれにもバクテリアの存在が認められた。危険に満ちた悪臭漂う場所、気圧が地上の四百倍になる場所、気温摂氏九〇度の場所でも地下の生命体は生きていた。

発見はどんどん続き、生物学者が驚異的な規模と多様性を持つ地下生命に取り組むうち、物の見方に劇的な変化が生まれた。コペルニクスが地球を宇宙の中心から引きずり下ろし、ダーウィンが人類を歴史軸の中心から引きずり下ろしたのと同じように、これらの発見によって地上の生命はおそらく地球において少数派であることが示唆された。地球内部の生命の全生物量は地上のそれとほぼ同じ、いやひょっとしたら超えているかもしれない。地下微生物すべてを秤(はかり)の片方に載せ、もう片方に地上のすべての動植物を載せると、秤は迷ったようにぐらつくだろう。〃地下の生物圏に隠れたもうひとつの生命世界が、大規模な地上生命より巨大であるという可能性に、我々は驚嘆するしかない〃と、土壌生態学者のデイヴィッド・ウォルフは二〇〇一年に書いている。

〃地球深部の微生物〃は、生物学者がかつて生命の特徴について真実と信じていたあらゆることに矛盾していた。彼らは酸素を吸わず、日光や光合成にエネルギーを頼らず、炭素を主成分とする食物を消費しない。生物学者が〃暗黒食物連鎖〃と呼ぶもので生存している。岩を食べ、地殻から出る化学エネルギーと放射能を代謝する。人間の進化のもうひとつの可能性であり、地球の空洞を描く小説に登場する神秘的な部族の現実版とも言える。実際、あるチームが南アフリカの鉱山の深度三・二キロメートルでバクテリアの一種を発見したとき、彼らはそれをデスルフォルディス・アウダクスウィアートルと名づけた。アウダクスウィアートルは〃大胆な旅行者〃という意味で、『地底旅行』でも言及されている。この小説ではリンデンブロック教授がルーン文字で書かれた地球内部への隠れた入口についての暗号文をラテン語に解読し、地底への冒険に乗りだす。〝下りよ、大胆な旅行者よ、そうすれば地球の中心に到達できるだろう〟と。

私たちは深度二五〇〇メートルでケージ係に別れを告げ、狭い岩肌のトンネルに足を踏み入れた。天井から水がザーザー落ちてきて、ヘルメットを太鼓のように叩く。後ろでケージがガタガタいいながら視界から消えると、周囲がしんと静まり返った。私はごつごつした低い天井の下で身をかがめ、長靴の脛まで泥水に浸かりながら進んだ。

先頭がブリタニーで、ケイトリン、私と続き、トムがしんがりを務めた。硫黄の臭いがたちこめ、ヘッドランプに暗闇の霧が浮かび上がった。私たちは片岩(へんがん)の内側にいた。灰色の岩に黄色とオレンジ色の縞(しま)が入っている。かつては岩をどっさり乗せた鉱山トロッコがガタガタ音をたてながらこの道を行き来したという。今、私たちは〈危険〉〈第二避難路〉といった標識を見ながら歩いている。頭上に厚さ二五〇〇メートルの硬い岩層があると考えると、鼓動がわずかに速まった気がした。ここからさらに一二五〇メートル近く下りて鉱山の底に着いたとき、自分の体はどんな反応を見せるだろうか。

「私はここが大好きだ」トムが言った。「地下にいると、ここそが自分の居場所のような気がする」私はびっくりして肩越しに振り返り、彼を二度見した。地上ではあんなに口数が少なく引っ込み思案で、頭字語や安全に関する決まりを単調に話していた男が、今は輝くような笑みを浮かべている。みんなで歩いていくあいだに、彼はのびのびと活気に満ち、朗らかで、陽気でさえあった。まるでこれまで息を止めていて、今ようやく新鮮な空気を吸い込んだかのようだ。

トムの話によれば、もともと山育ちだった彼は、ベトナムで従軍したあと鉱山で働くようになり、ケージ係から検査掘削手まで可能な役をすべてこなし、地下に慰めを見いだすようになったという。「地下のことは街の通りよりもよく知っている」と彼は言い、立ち止まって、ごつごつした壁の小さな突起に触れた。「仕事が休みになってしばらく地下へ下りないと、落ち着かなくなる。そんなときは妻とブラックヒルズの周辺をドライブして、洞窟を訪ねるんだ。ウィンドケイブにまだ行ってないのなら、行ってみるといい。想像もつかないくらい美しいところだよ」

鉱山の遠い区域からくぐもったとどろきが聞こえてきた。遠くから動物が殺到してくるような音だ。「聞こえるかい？」トムがおだやかに言った。「鉱山がもぞもぞ動いてはまた落ち着くようすが伝わってくるだろう。鉱山は生きていて、トンネルは呼吸しているみたいなものさ」

私たちは最初のサンプル採取地に着いた。岩壁に差し入れられた幅六センチほどの金属パイプから水が絶え間なく湧き出ている。これは〝湧出口（シープ）〟と呼ばれ、もともとは一九〇〇年代初期に金を探すため、工業用ダイヤモンドをちりばめたドリルの刃を使って掘られたものだ。鉱山には他にもシープが何十カ所かあり、トムによると、以来一世紀以上途切れずに水が流れているという。

ブリタニーとケイトリンが泥の上にバックパックを下ろして作業を始め、すでに泥で汚れていたヘッドランプとゴーグルを拭った。紫色のゴム手袋をぱちんと留め、小瓶や目盛り付きシリンダー、水の化学組成や気温、pH（ペーハー）の測定に使うセンサーを取り出す。金属パイプの端に複層式の注入器を取り付けた。そうすることで、トンネル内の空気に汚染されずに水のサンプルを採取できるのだ。

「シープは地下をのぞく小窓のようで、そこに何が棲んでいるかを見ることができるのよ」ブリタニーが肩越しに言った。「水は大きなサイクルで地殻の中を動いていて、ある場所から次の場所へ移動するのに何千年もかかることもある。シープの水は地殻中の孤立した水域から来ていると、私たちは考えているの。つまり、ここで目にするあらゆる有機体はとてつもなく深い地下から来ているということよ」

この水の中に何が棲んでいるか、研究室で結果が確定するまで何週間かかかるという。しかし、鉱山のさまざまなシープで採取してきたこれまでのサンプルをもとに、それはデスルフォルディス・アウダクスヴィアートルの仲間にちがいないと彼女たちは予想していた。南アフリカで発見された〝大胆な旅行者〟の親類というわけだ。

ケイトリンとブリタニーはサンプルの採取を終えると、このシープに〈NASA宇宙生物学研究所、手を触れないこと〉と書いた標識を掲げた。二人が備品をバッグにしまっていると、岩壁にそって渦を巻くように流れている水の音が聞こえてきた。私はしゃがんで、シープの下に片手を差し出し、指で水の流れを感じた。どんな深いところから湧き出ているのだろう？　そのとき、トムがそばに立って見下ろしているのに気がついた。

「スピアフィッシュにラコタ族の友人が何人かいる。私の信徒団の人たちでね」彼は言った。「彼らが言うには、ブラックヒルズの水は神聖で、地下は彼らの先祖とつながっているそうだ」
　トムによると、私がすべきはラコタ創造の話（彼らの起源の物語）を聞くことだという。「私もいくらかは知っているが、私が語るべき話ではない」彼は言った。「ラコタ族から直接聞いたほうがいい。ウィンドケイブに行くべきだよ」

　生命の起源の物語――少なくとも、西洋の科学者が長らく語ってきた話――は、約四十億年前に始まる。単純な生化学元素である〝原始スープ〟がエネルギーで活性化され、結合して単純な有機化合物になった。これらがアミノ酸になり、それが集まってDNAとタンパク質を生じ、ついには進化して単細胞バクテリア、すなわちあらゆる生

命の祖先となった。ダーウィンの説に話を戻せば、研究者たちはこのような原始的な出来事の舞台になったのは潮だまりか、池、あるいは大洋の静かな表層水のような浅い水域と考えた。

一九九二年に斬新な説が登場した。提唱者は退職したコーネル大学の研究者トーマス・ゴールド。もとは天体物理学者だったが、他の科学的学問を探求する才覚があり、因習を打破するような大胆な仮説を発表した。のちにそれが正しいとわかることもよくあった。彼は地球内部の微生物との遭遇を何年か追跡したあと『未知なる地底高熱生物圏――生命起源説をぬりかえる』（大月書店）を著し、豊富な地下生命について説得力に満ちた論を立てた。そこからさらに進めて、生命は地下から始まったという説を提唱した。

四十億年前、地球の表面は戦場のようだったとゴールドは指摘する。火山の噴火で溶岩が氾濫し、強烈な紫外線に焼かれ、小惑星の集中攻撃に遭っていた。そのような混乱の中で、最初の繊細な生命反応（彼の言う〝やわらかな接触（コンタクト）〟）が起こったとはとうてい思えない、とゴールドは論じた。いっぽうで地表の下は安定していた。天候に影響されず、苛烈な光線は届かず、激しい地震活動もない。〝エデンの園〟は地下深くにあって、最初の単細胞微生物は深部で発生した化学エネルギーを糧（かて）に生きていた可能性のほうがはるかに高い。

ゴールドのモデルでは、暗闇を愛する地球深部の微生物は酸素アレルギーで、熱を好み、岩を食べ、私たち地上の住人の派生物ではない。彼らのほうが先に生まれ、私たち地上の住人が彼らの派生物なのだ。この説でゴールドはまったく新しい生命創造シーンを描き出した。何百万年ものあいだ温かな地中で懐胎したあと、一群の原始微生物が他の地下生命体から分離してゆっくり上へ移動し、ついに光の中に現れ、徐々に地上で増殖するようになった。〝パイオニアの微生物が地下から地上を侵略した〟のだと、ゴールドは書いている。

この四半世紀で、ゴールドの説を裏づける証拠が数多く集まった。微生物学者が地球内部で生命に遭遇する場所はどんどん深さを増してきて、生命が見つかる水もどんどん古代へさかのぼるようになり、十億年ほど前の地層の水たまりにまでたどり着いた。そうするうち、地球深部微生物のDNAに共通点が見つかった。ホームステイク鉱山深部のデスルフォルディスのように、地球の反対側に棲む種と種の間にまで共通点がある。これは同じ祖先を持つしるしかもしれない。「地下生命について、確たることは言えないのよ」ケイトリンが私に言った。「私たちは地下に棲む生命の小さな窪みしか見てきていないのだから」しかし、生命が地下から生まれた可能性を信じる微生物学者は年々増えている。

この話を多くの微生物学者たちが受け入れるのは、誰もがみな知っていて、ずっと昔からある話だからだ。つまり、人類の最古の物語のひとつなのだ。地下世界は死の領域であると同時に、常に子宮でもあった。繁殖力を持つ肥沃な場所で、そこから生命は生まれる。ここに地下の究極的な魅力がある。植物が土中で種として根づき、地上に芽を出す。人間がみな母なる子宮の洞窟で育ち、暗いトンネルを通ってお日様の下へ出てくるのと同じだ。大昔、世界各地の文明で、地下における生命誕生物語が語られた。人類学者はそれを〝創造神話〟と呼んだ。原始の祖先は地下で懐胎し、広々とした地上へ出てきたというものだ。アボリジニのいるオーストラリアやインドのアンダマン諸島、果ては東ヨーロッパの民間伝承まで、あちこちでこのような神話は見つかるが、とりわけ古代のアメリカに多い。たとえば、アメリカ南西部に住むホピ族とズニ族によれば、最初の人類は地下で生まれ、子宮世界の最深部で一種の幼虫のような状態で過ごし、そこから続く子宮世界を上っていくうち次第に人間らしくなり、母親の産道を通って地上へ出た。いっぽう、中央メキシコの部族によれば、最初の人類が現れたのは〝七つの洞窟の地〟を意味するチコモストクという麝香(じゃこう)臭い洞窟だ。メソアメリカの色あせた写本にこの洞窟子宮が描かれているが〔右図参照〕、七つの部屋が並び、それぞれの部屋に小さな胎児の姿勢を取った人間がいて、その足跡が洞窟の外へ向かっている。描かれているのはバシュラールが〝すべての信仰の原点〟と位置づけそうな物語だ。考古学者たちが身をよじりながらフランスの洞窟に下りて発見した、三万年前の女性の外陰部の彫刻は、

陰部の深みにあるぬかるんだところを人間誕生の場所としている。

私たちは鉱山の底に向かって降下していた。地下一・五キロメートルの深部へ。ケージの中でトムの横に立ち、分速一五〇メートルで通りすぎるぼやけた岩壁を見ていると、体が自然と反応した。肩にくびきをかけられたような圧迫感を覚え、空気が濃くなってくるにつれ首が汗でちくちくした。一・五キロメートルもの厚い岩の層が頭上にあると考えたら、神経がやられてしまいそうだ。

しかし、そんなことはまったく起こらなかった。鉱山の底で、私たちは身をかがめながら、錆びた金属片で壁を補強した天井の低い通路を進み、水の湧き出すシープにたどり着いた。私はケイトリンとブリタニーの横でしゃがみ込み、水が岩からあふれ出して足もとに大きな水たまりができるところを見つめながら、勢いよく流れ出るこの水には地下生物が含まれていて、地球の古代生命体の噴出をいま自分は見ているのだ、と思った。

トンネルの中は暑く、壁から蒸気が出ていたが、それほど不快ではなく、生殖力を示す熱さのように感じられた。どんなに不自然な環境で、通常の経験の範囲から生理的にどれだけかけ離れていようと、このトンネルは生命が生まれた場所なのだ。私たちの傍らでトムもシープを見ている。五十年間この通路を行き来し、地上より地下にいるほうがくつろげる男だ。彼は小さく口笛を吹き、岩壁に抱きしめられているかのようにおだやかな表情をしていた。

サンプルをすべて採取し、道具を集めると、私たちはトンネルを戻りケージに乗った。ごつごつした縦穴をガタガタ上昇するあいだ、みんな口数少なく自分の考えに耽(ふけ)っていた。地上に着いて夕暮れの光の中へ出ると、疲労困憊で足が進まない感じがした。ケイトリンとブリタニーと私はジッパーを開けて、泥だらけになったつなぎの服を脱ぎ、ゴーグルとヘルメットをSURFのロッカールームに押し込んだ。〈地下生命体〉チームのジープのトランクに荷物を積み込んでいると、トムが別れを言いにきた。

地上に戻ったトムは少し輝きを失い、肌が灰色にあせた感じがした。握手して案内の礼を言うと、「道はわかりますか?」と言った。

何のことかと私は尋ねた。

「ウィンドケイブへ行く道ですよ」彼は言葉を継いだ。「そんなに遠くない。ここから本通りに入ったら、南に向かって山を通り抜け、あとは標識に従っていけばいいんです」

翌朝、私の乗った車は岩の露出部の間を縫うように進んでいた。ラコタ族の伝説のシャーマン、ブラック・エルクがビジョン・クエストを敢行した山頂を越え、ラコタ族の指導者クレイジーホースの顔が山腹に彫られている記念碑を通りすぎた。完成すれば有名なラシュモア山の彫刻〔四人の米国大統領をかたどったもの〕の十倍の大きさになる。草を食(は)むバッファローやプレーリードッグ、伸びた草の中をこっそり歩いている一頭のコヨーテを眺めながら車は走り、ついに金色に輝く草原の真ん中に着いた。そこでシーナ・ベア・イーグルという女性に会った。

シーナはラコタ族のなかでもオグララという部族に属し、名高い指導者の一人ノー・フレッシュ酋長の末裔だという。酋長の写真は博物館文書館で見ていた。シーナはブラックヒルズ山脈の端にあるパイン・リッジ保留地で育った。前腕にボブ・ディランのタトゥーを入れ、肩まで届く髪の縁を明るい青緑色に染めている。彼女は私を歓迎し、曲がりくねった小道をいっしょに歩いて〈ワシュ・ニヤ〉（ウィンドケイブ）の入口まで案内してくれた。

彼女が語ったところによると、この洞窟は一八八一年、白人のビンガム兄弟によって発見された。「でも、発見というのは間違っている」彼女の声には、おだやかながら威厳があった。「ラコタの人たちはずっと昔からその洞窟のことを知っていたのだから」

シーナは三十歳くらいで、ラコタ社会では傑出した女性だった。カリフォルニア大学ロサンゼルス校で言語人類学を学

ぶ大学院生で、ラコタ語も学んでいた。卒業後は保留地へ戻り、子どもたちに先祖の言葉を教えるつもりだという。夏のあいだはウィンドケイブのガイドとして働き、観光客にラコタ文化と洞窟、そして部族との関係を伝えている。

観光客用に洞窟の入口がひとつ、人工的に開けられていた。コンクリートの階段が取り付けられ、暗闇に通じている。シーナと私は、その脇にある本来の入口に座った。直径六〇センチほどの小さな穴で、中は真っ暗闇だった。シーナの説明によれば、地上の気圧が洞窟より低い日には地下から吹く風が感じられるという。それを見せようと彼女がリボンを入口にかざすと、外側へたなびいた。「この洞窟はとてもワカンなの」彼女は〝神聖〟を意味するラコタ語を使った。入口そばの一本の低木を指差すと、たくさんの枝に小さな刻み煙草入れがぶら下がっていた。ラコタの人々が供物として置いていったものだ。初めて洞窟を訪れた際、シーナも供物を置いていったという。十二歳のとき、小学校の遠足でのことだ。地下へ向かった彼女はたちまち洞窟に魅せられた。「何度も何度もここへ戻りたくなるとわかったの。それで、髪をひと房切って通路に置いてきた。また戻ってくるという約束のしるしにね」

私はなぜシーナに会いにきたかを説明し、ブラックヒルズ山脈の深部で働いている微生物学者たちのこと、彼らが見つけた地下のバクテリアのこと、それが至るところにいて、その秘めたる力と重要性を人類はやっと理解しはじめたところであることを伝えた。シムズ大尉のこと、地下の暗闇に住んでいる〝陰の自分〟を見つけるための探求についても話した。最後に、地下深部で暮らす生物は最初の生命体で、すべての生命は地下から生まれたという説があることも。

「ふーん」彼女は相槌を打ちつつも、とくだん驚いたようすは見せなかった。

　シーナは長い間を置いて、ラコタの創世物語を語りだした。

「最初の人間は地下に住んでいたの、霊界にね。〈造物主〉は彼らに、地上の世界があなたたちを迎える準備ができるまで待ちなさいとおっしゃった。彼らの目は地下の暮らしに適応していて、赤く輝き、暗闇でも物を見ることができた」

　地上では、と彼女は続けた。蜘蛛のイクトミが寂しがっていた。それで、地上の魅力的な衣類や果実、美味しい肉などすべてを袋に詰めると、この地面に穴を開け、一匹の狼を霊界へ送って贈り物を届けさせた。人間たちは鹿皮の服を着て、果実を味わい、とりわけ肉を気に入った。狼は彼らにこう言った。「地上に来れば、もっと肉がありますよ」指導者トカへ（〝最初の人〟）は断り、地上の準備ができるまで地下にいるよう〈造物主〉が指示されたではないかと、みんなに注意した。ところが、大半の人間は彼の言うことを聞かず、狼について地上へ向かった。地上に着くと季節は夏で食糧が豊富にあり、元気に過ごせた。しかし、寒くなってくると腹が減った。彼らが助けを求めたとき、自分の指示に従わなかったことに激怒した〈造物主〉は、罰として彼らをバッファローの群れに変えてしまった。

「そのとき初めて」シーナは言った。「地上に人間が住める準備が整ったの。〈造物主〉はトカへに、みんなを地上へ連れていくよう命じた。彼らはゆっくりと上へ向かい、お祈りをするために四度立ち止まった。四度目は入口で祈った。地上に出ると、彼らはバッファローに倣って世界で生き残る術を学んだ」

話が終わると、シーナと私は洞窟の入口、イクトミが地面に開けた穴に座ったまましばし無言でいた。ひんやりした一陣の風が穴の奥から吹き上がってきた。地下深部で生まれた風、石で覆われた地球の子宮で生まれた風が。

どれほどの必要が、
星に向かって直立した人間をかがめさせ、
鉱山に埋め、
大地の奥深い底に沈めたのか。

セネカ『自然研究I』

第4章

赤黄土（レッド・オーカー）を掘る鉱夫たち

――アボリジニの聖域

この土地に暮らす人々は毎夜、地下の王の夢を見る。鉱山の街ポトシはボリビア・アンデスの凍てついた山嶺に位置し、豊かな山と呼ばれる山のふもとに広がっている。セロ・リコは世界有数の銀鉱石の産地だ。十六世紀に最初の鉱脈が発見されると、数千年前からアンデス高地に住んでいた現地部族の男たちが何千人と銀山へやってきた。彼らは昼夜、ゆがんだ梯子を下りて狭い坑道に入った。うだるように暑い、悪臭を放つ坑道の底で石壁を切り刻み、こすり落として採取した銀を木製の手押し車に載せていく。

鉱夫たちがポトシで働きはじめた直後から、鉱山に棲む霊的存在エル・ティオ（おじさん）の噂が坑道という坑道に広がった。エル・ティオはとてつもない力の持ち主だが、移り気で、寛大かと思うと一瞬にして残忍になる。銀を創り出し、鉱夫たちを鉱石の豊かな場所へ導いてくれる存在でもあるが、ひとたび機嫌が悪くなると壁から有毒ガスを漏れ出させたり、暗闇で衰弱死させたり、あるいは梯子から叩き落としたり、黒塵肺症を起こさせたりと、冷酷な罰を鉱夫たちにあたえた。人口十五万人のポトシの住人はみな、家族の誰かしらの命をエル・ティオに奪われ、セロ・リコは〝人食い山〟として知られるようになった。

ポトシの鉱夫たちは教会に通う信心深いカトリック教徒だが、硫黄の臭いがする鉱山地下の暗闇では、身なりからしていかにも邪悪そうなエル・ティオを崇める信者となった。彼らはそれぞれの坑道の深部にこの神の像を作った。エル・ティオは人間に似た姿で王座に座っている。頭に曲がった角を生やし、鼻孔を広げ、毛むくじゃらで、先のとがったあご髭を生やしている。勃起した大きな男根はみだらな性欲のしるしだ。鉱山そのものから生まれたこの神の体は地下の粘土で作られ、目には廃棄された鉱山ヘルメットの電球がはめ込まれ、歯はクリスタルガラスの破片でできていた。

エル・ティオの気分が嵐のように荒れ狂う危険を感じると、鉱夫たちはあわてて彼を満足させようとした。移動時には細心の注意を払い、暗闇でいきなり攻撃されてはたまらないとばかりに爪先でそっと周囲を歩く。エル・ティオの前で「神（ゴッド）」という言葉は禁句だ。彼を全能でないとほのめかすのも厳禁とされる。嫉妬して癇癪（かんしゃく）を起こしかねない。十字架に形が似たつるはしを目にしただけで、怒りを爆発させるかもしれず、エル・ティオの前を通るときは、つるはしが見えないよう注意深く隠した。定期的に、生きているラマを木の手押し車に載せ、曲がりくねった坑道を進み、エル・ティオの前に置き生贄（いけにえ）として捧げた。王座にその血を振りかけ、心臓を食べさせる。そうすることでエル・ティオが満腹して人間の肉を欲しがらないようにと、鉱夫たちは祈った。

しかしそのいっぽうで、鉱夫たちは長い労働時間の終わりに、尊敬する一家の長老を前にした子どもたちのようにエル・ティオのそばに集まった。暗闇で冗談を交わし、噂話をし、声をたてて笑った。車座になってシンガニ（マスカットから造る蒸留酒）の瓶を回し、手を止めてはエル・ティオの口にも少量を注いだ。長い粘土の手にビールを持たせ、コカの葉を食べさせることもあった。一人の鉱夫が煙草をひと箱車座に回すと、一本をエル・ティオの唇にはさみ、身をかがめて火をつけた。

この鉱山王への崇拝について初めて読んだとき、私は戸惑った。この不可解な行動の源はどこにあるのだろう？　鉱夫たちは家族を貪り食う存在としてエル・ティオを恐れながら、暗闇の中、彼のそばでくつろいでいる。私はアンデスの土着文化に関する人類学の書物を調べ、古代の宗教伝統をくまなく探したが、エル・ティオのルーツは追跡

できないほど古いようだった。あたかも彼は原始的存在で、人間がこの地域へ来るずっと前から地中に住んでいたかのように。

数年後、ある鉱山の写真に出くわしたとき、私はエル・ティオ崇拝を思い出した。西オーストラリア州奥地の丘陵ウェルド・レンジでウィルギー・ミアと呼ばれるその鉱山は、世界最古の鉱山であり、アボリジニが三万年前から訪れていた証拠もある。鉱山は赤黄土(レッド・オーカー)を産出し、軟らかく鉄分の多い赤紫色の粘土層を狭いトンネルが貫いていた。写真には、鉱山で赤黄土を採掘し地上へ戻ってきたワジャリ族の男が三人写っていた。奇妙な儀式の最中を撮影したもので、鉱山から出るなり、突然体の向きを変えて後ろ向きに歩きだした男たちが、心配そうにささやき声で話しながら、葉のついた木の枝で自分たちの足跡を消しているところだという。添えられた説明文によれば、鉱夫たち

は気まぐれな精霊を恐れてそうしていたらしい。撮影者が〝悪魔〟と呼んだ精霊は、現地ではモンドングと呼ばれ、鉱山の暗闇に棲み、悲しげな歌をうたうという。撮影されたのは一九一〇年。白人はまだ西オーストラリア州の奥地に着いたばかりで、昔からのアボリジニの伝統が手つかずのまま残っていた。

アボリジニは六万年以上前にオーストラリア大陸の海岸に足を踏み入れ、すぐに赤黄土を掘りはじめた。この鉱物を神聖視し、血のように赤い穴に下りて地球から赤黄土を掘り出すため、何千年も高度に儀式化された長い巡礼の旅を続けた。私はこの伝統についてもっと知りたくなった。地下の生き物を刺激しないよう足跡を消す写真の儀式が、昔の人たちの地下世界観を解く鍵になるかもしれないと思った。

この写真が撮影されてからの一世紀でアボリジニ文化は劇的に変容したと、当地の人類学者たちは言った。二十世紀中頃までに、この大陸に二百五十あった部族の大半がアルコール依存症や貧困、病気、白人との暴力的遭遇で滅亡した。数千年続いた数多くの習慣とともに、赤黄土採鉱の儀式も廃れていった。鉱山自体もかつては先住民の聖地だったが、長らく訪れる人もなく、そのまま荒廃したものもあれば、忘れ去られたものもあり、また現在の採掘事業に呑み込まれたものもあった。

しかし、ひとつだけ例外があった。ハムレット家というワジャリ族の一家が、ウィルギー・ミアのふもとの先祖伝来の土地にとどまっている。家長のコリン・ハムレットはウェルド・レンジで生まれ、ヨーロッパ人が到着する以前の西オーストラリア州を知る人々に育てられ、写真の鉱夫らと同時代を生きてきた。コリンはワジャリ族の長老で、ウェルド・レンジの〝伝統的所有者〟でもある。アボリジニから見れば、コリンは今も〝祖先の土地の代弁者〟だ。徐々に減ってきているアボリジニの年長者のなかで、鉱山と祖先とのつながりを今なお維持する、古い伝統の奥義を授けられた者なのだ。

コリンと連絡を取ろうとすると、彼は直接私とは話さずに信頼できる人類学者や支援者サークルを介してならと、応じてくれた。その後のやりとりで、彼とアボリジニの伝統とのつながりが最近大きな危険にさらされていることを知った。中国中鋼集団公司（シノスチール）ミッドウェストという現代的な鉱山複合企業が近年、ウェルド・レンジの一画に採掘場を造る自由保有権を獲得したというのだ。ビロードのようになめらかな赤黄土が数千年のあいだアボリジニの鉱夫を丘陵に引き寄せたように、今は豊かな鉄鉱石が鉱業会社を惹きつけている。ワジャリ族の代表としてコリンはこの動きを阻止しようと何年か全力を傾けてきたが、ついに抵抗をやめたのは、生活苦にあえぐ次世代の部族民を金融協定で救えると考えたからだ。それでも交渉によって、シノスチールのドリルがウィルギー・ミアの付近に入ることだけは禁じた。保有権が認められて数年が経った今も掘削は始まっていないが、早晩ウェルド・レンジでドリルが重々しい音を響かせることになるだろう。コリンが私を先祖の野営地に招待し、白人がほとんど足を踏み入れたことのない聖なる鉱山への訪問を許してくれたのは、子孫のためではないだろうかと思った。ウィルギー・ミアでは今も伝統が生きていた。祖先が何万年もしてきたとおり、ハムレット一家はときおり鉱山に下りて赤黄土を採掘している。

西海岸のパースから車で十一時間走りつづけて、大陸の中心部に入った。オーストラリア人には〝遠く離れた奥地（ネバー・ネバー）〟として知られる広大な不毛の地だ。グレート・ノーザン・ハイウェイは狭い二車線道路で、次々にやってくる十八輪セミトレーラートラックとすれちがうときは、恐怖でハンドルを握り締めた。両側に広がる土地はどこまでも見通すことができ、火星のようだ。単調さを破るため、二、三時間ごとに車を脇に寄せて止め、低木林の海を歩き回っていると、いつのものかわからない焚き火の跡と人の足跡があった。辺境のキューという町で「クイーン・オブ・ザ・マーチソン」という隙間風の入る古宿に宿泊した。裏庭にはオーナーの年代物のオートバイが群れをなし、二階建ての古いバスが一台と、コンゴウインコが何羽か入った鳥かごスタンドがひとつ置かれていた。赤い丘陵を背景にしたインコの熱帯特有の青と黄色の羽毛は、まるで異国のペナントのようだった。

翌朝、夜明けとともにウェルド・レンジへ向かった。ハムレット家の野営地はアカシアの茂みに隠れていた。ウィネベーゴ〔移動居住車〕が六、七台、丘陵の赤紫色の埃に覆われていた。野営地の真ん中で、小さな防水シートをかぶせたテーブルの前にコリンが座っていた。突き出たお腹の上まで長く白いあご髭が伸びている。抜けた歯から息が漏れ、目には緑内障を疑わせる濁りがあり、年齢こそ感じさせたが、威厳を持って振る舞い、背すじをまっすぐ伸ばして椅子に座り、たくましい長い両腕を胸の前で組んでいた。全身からカリスマ性と生命力の輝きを放っている（ワジャリ族の他の人々は自分のことを魔法使い、もしくはシャーマンという意味の〝フェザーフット〟とひそかに呼んでいるが、単なる愚かな迷信にすぎないとコリンは断言した）。家族からは〈親父（おやじ）〉と呼ばれ、「トラックの前の座席にいつも斧とライフルを置いて」おり、膝の上にはベイビーという名のふわふわした白い毛の犬がいて、どこへ行くときもいっしょに連れていくという。

　コリンは挨拶するとき、少しだけ長く私の手を握り、まっすぐに目を見てきた。彼の一族の土地に私がいるのはふつうでないということを、改めて印象づけるためだろう。パースで会ったアボリジニの男性にウエルド・レンジへ行くと話すと、彼は大きく目を見開き、強い力を持つ場所だと言った。そして、「気をつけろ、大変なことだぞ」と言い添えた。私が話をした人類学者からも、用心して丁重な態度で臨むよう助言された。緊張の一瞬

が過ぎると、コリンは雰囲気を和らげ、芝居がかった笑い声をあげた。

テーブルを囲んで座っている家族は、海岸地帯のジェラルトンという小さな町やその近くのマレワという町から車で着いたところだった。家族が〝奥地〟に集まるのはしばらくぶりだという。鉱山の自由保有権に対する不安は消えず、自分たちの土地が今にも掘り返されようとしているのに、雰囲気は明るく、ビールや煙草が次々と回された。コリンの横にいる妻のドーンは鋭い目をした丸顔の女性だ。その隣に座っているのは二人の息子で、カールは家族から「マディ」〔泥だらけ〕と呼ばれ、大柄で威張っていて、アシカのような頬髭を生やしていた。もう一人のブレンダンは「穴居人」と呼ばれる痩せこけた物静かな人物で、巻き毛と大きな黒い瞳が特徴だ。その向こうには騒々しい元気いっぱいの甥や孫たちがいて、大半は二十代だった（コリンは「阿呆どもの集まり」と呼んでいた）。彼らの話についていこうとしたが、早口でワジャリ語が混ざるため、会話の大半は聞き取れなかった。コリンの孫のケニーとゴードンが火のついた煙草をテーブル越しに投げ合い、二本の指で挟んでつかみ、吸っては投げ返している。

そのうち私の考えはウィルギー・ミアとモンドングへ向かった。コリンは私の来訪の目的を知っていたが、ここでその話を持ち出すのはためらわれた。不適切な質問をしたら、鉱山への招待を取り消されるかもしれない。私は椅子の上で向きを変え、どこで鉱山の話を切り出そうかと思案した。

「あの藪のちょうど向こうだ」と、コリンが言った。私のようすを見て気持ちを察したらしい。彼は手にした煙草の先を私の後ろの藪のほうへ向けた。

「すぐ見られるよ」と言って、彼は破顔一笑したが、言葉と正反対のことを伝えようとしている気がした。実際、鉱山訪問を許される前に私が学ぶべきことは山ほどあった。「ここは先祖代々の土地だ」コリンがそう言って、周囲を身ぶりで示した。「昔のウィルギーに先住民がやってきたのは、はるか昔のことだ」

人類は誕生以来ずっと地球から鉱物を掘ってきた。ホモサピエンスが三十万年前から二十万年前のどこかで初めてアフリカに出現したときには、すでに地下から鉱物を掘り出して道具を作っていた。火打ち石は刃に、玄武岩は石斧とハンマーに、花崗岩は砥石（といし）になった。人類の祖先が地球全土に広がるにつれ、マラカイトや石英（せきえい）から翡翠（ひすい）やルビーまで、考えられるかぎりの鉱物が掘り出された。これらの石や金属は常に神聖視された。お守りとして身に着けられ、神託の力を授けられ、宗教儀式に使われた。実用的な目的で用いられるときにさえ、超越性の媒体、つまり神の領域につながる手段とみなされた。

私たちが地球から掘り出した鉱物のなかで、赤黄土ほど長く広く崇められたものはない。インカ族が墓に塗ったアンデスはもとより、狩猟採集民が岩陰の裏に絵を描いた中央インドまで、至るところで神聖なものとして扱われた。鉱物は人間の文化すべてにおける最初の象徴であり、祖先が物質的世界を超えた霊的世界を指し示すのに用いた最初の物質であると、長年示唆されてきた。イラクとイスラエルで十万年前の墓に塗られた赤黄土が発見されたことで、初期のホモサピエンスは来世を信じていたのでは、と学者たちは類推した。ハイファ大学の考古学者エルンスト・レシュナーは赤黄土を、すべての人間を結びつける〝赤い糸〟と呼んでいる。

オーストラリア先住民が熱烈に赤黄土を求める姿を見て、この大陸に来た初期のヨーロッパ人入植者は戸惑った。ある宣教師が南オーストラリア州の部族の言語を調べ、その辞書を編纂したとき、最初に知ったフレーズのひとつは〝赤黄土が欲しくてたまらない〟だった。アボリジニの男たちが赤黄土鉱山へ行くためだけに、何百キロメートルも奥地を旅し、数カ月続けて荒涼とした風景を歩き、敵部族の領地を横切るところを見たと、入植者が報告している。鉱山に着くと、彼らはぺたりと膝をつき、地面に口づけして、泣きじゃくった。この場所に着くことが生死に関わる大問題であったかのように。

砕いて粉にし、水とランの汁、尿、血を混ぜた赤黄土はアボリジニの宗教儀式の中枢を成していた。岩壁にこの土で聖なる絵が描かれ、三万五千年後の今なお鮮やかなものもある。戦闘の前に盾に塗られ、狩りの前には槍やブーメランにひと塗りされた。若い男女は大人になる通過儀礼を受けるとき、この土を体に塗られる。死ぬと、遺体にこの土が塗られる。考古学者がオーストラリア最古の墓を発掘したとき、六万年前にマンゴ湖岸に埋められた男の骸骨は赤い鉱物粉に覆われていた。

赤黄土はアボリジニを神話的創造の時代とつなぐ。〈夢幻時〉と呼ばれる遠い霞(かすみ)のかかった時代、現在オーストラリアと呼ばれる大陸は限りなく広がる形のない原始的な場所だった。かつてその土地には、彼らの〈祖先〉にあたる巨大で強力な動物たちがいて、明瞭な道をたどって地表を移動し、あらゆる山と、川、巨岩、木を生み出した。赤黄土は祖先の血と言われ、この土の鉱床がある土地はすべて〈祖先〉の一人が死んだ場所とされる。この土を地球から掘り出し、物体にこすりつけ、岩壁に絵を描き、体に塗ることは〈祖先〉の真髄をつかむことに他ならなかった。

ハムレット家の野営地で過ごした最初の晩、一家はウィルギー・ミア誕生の伝説を話してくれた。〈祖先〉の一人、赤いカンガルー（ワジャリ語でマールー）が海岸から内陸に向かってぴょんぴょん跳んでいると、狩人に槍で突かれた。それでも跳びつづけていると、傷ついたマールーから血が滴りはじめ、地面に小さな赤い斑点を残していった。次第にマールーの跳躍は短く重苦しくなった。そして、彼が立ち寄ったすべての場所で、流れ落ちた血から丘が芽を吹いた。

「老いたマールーが跳んできた」とコリンが言い、一本の指で宙を上下になぞった。「そして最後の跳躍をした」それと同時に内臓が地面に散らばって丘になり、その血がウィルギー・ミアの深紅の赤黄土になったという。

昔は、マールーの通った道を儀式的にたどり直してからでないと、ウィルギー・ミアを訪れ赤黄土を採掘する許しは得られなかったという。赤黄土のしきたりに従い、ハムレット家は私をすぐには鉱山へ連れていってくれなかった。昔からの儀式の手順を踏む必要がある。彼らは〝ソングライン〟という謎めいた言葉を口にした。私はマールーの話に象徴されるソングラインを歩かなければならないようだ。

翌朝早く、ウィルギー・ミアのいちばん端から、〝ビビアンの花崗岩〟と呼ばれる赤い絶壁に囲まれた広大な盆地を横断しはじめた。コリンの孫のケニーとゴードン、コリンの息子のマディとその飼い犬オスカーが同行してくれた。日が高くなるにつれ、みんな汗をかきはじめた。

「木の枝を持って歩いたほうがいい」と、マディが言った。早口のがらがら声で、いつも片目を閉じたまま話し、陽気な海賊といった雰囲気を漂わせている。「なんのために？」私は尋ねた。

「ディンゴ〔オーストラリアの野生犬〕さ」と彼は言った。そして「あとは、蛇。バンガラもいる」と付け加えた。バンガラは〝大きなトカゲ〟を意味するワジャリ語で、スナオオトカゲのことだ。

盆地は西オーストラリア州の多くの奥地と同様、荒涼として薄気味悪く近寄りがたい場所だった。日光にさらされたカンガルーの骨の山や、先のとがった赤い城のように地面から立ち上がっているシロアリの赤い塚を通りすぎた。突風が吹くたび赤い塵が渦を巻いて盆地の底を横切っていく。あまりに荒涼としていたため、マディが古代の訪問者の痕跡を指差したときは驚いた。最初は、巨岩の表面に彫られた小さな岩石線画がいくつか。次に、石のかけらがひと握り、地面にあった。風景に目が慣れてくると、私たちが通り抜けているのは、砥石や壊れた石斧、エミューの卵殻が詰まった灰が残る焚き火跡などが散らばった一面の原野であることがはっきりした。訪問者が何千年ものあいだひざまずいて水を飲んできたため、縁がすり切れている水飲み場まであった。ここはかつて人々の活動の中心地だったのだ。

物語によれば、〈祖先〉のマールーはこの盆地をぴょんぴょん横切ってウィルギー・ミアへ着いた。

「ヤマジもここを通ってきた」マディが〝人々〟を意味するワジャリ語を使った。「僕らは今、ソングラインにいる」

ソングラインという言葉は一九四〇年代に人類学者が考案し、八〇年代に英国人の旅行記作家ブルース・チャトウィンが広めた。アボリジニ文化を通じて何千年も受け継がれてきた、謎めいた霊的体系を指す。ソングラインは〈夢幻時〉の〈祖先〉たち——エミュー、ワラビー、ディンゴ、マルールー——が通った道で、彼らは原始の大陸を横断しながら風景を生み出していった。何千本ものソングラインが巨大な網の糸のように交差した。人のいない砂漠の奥地や岩だらけの海岸部や日陰の森を通り抜け、オーストラリアの片側から反対側まで途切れなく延びている道もある。ソングラインは地図上の道のように実在し、アボリジニが聖なる道標との間を行き来するときに使われる。

同時に、ソングラインは物語でもあり、現代西洋の時間と空間の概念とは別の形で〈祖先〉の聖なる旅の冒険物語を詳述している。喩えて言うなら、『聖書』や『イーリアス』や『マハーバーラタ』が書物でなく地上の道の集まりだったら、ページを読む代わりにその長さを歩き、物語を歌うだろう。物語のリズムが、その土地を進む足取りや輪郭に相当する。部外者との話にソングラインが出てくることはまずなく、ハムレット家はマールーのソングラインを私に見せることには同意してくれたが、きっと多くのことが伏せられているはずだ。忘れられた知識もあるだろうし、神聖にすぎて教えられない知識もあるだろう。

振り付けられた長い踊りと同じように、ソングラインを通ってウィルギー・ミアへ行く巡礼の儀式も数週間かけて行われたにちがいない。赤黄土を求める一行――女性は鉱山に入ることを禁じられていたので、男性の小さな集団――は、おそらく何百キロメートルも離れたはるか遠くから旅に出たのだろう。マールーのソングラインと歩調を合わせ、〈祖先〉の物語を歌い、現実の試練と冒険の話を語り尽くしただろう。鉱山に近づいてきて、風景の中に過去の赤黄土探検が残した顔料のような赤い縞模様が見えてくると、儀式は高まりを見せ、いっそう厳格に、いっそう緻密に行われたことだろう。

一九〇四年にオーストラリア南部のヤーキナと呼ばれる鉱山に赤黄土を求めた探検旅行の話は、人々がウィルギー・ミアにどう近づいたかを鮮明に物語っている。この一団はクヤニ族の男性で構成され、五週間かけてソングラインを歩いた。最終行程を前に、彼らは食物と水をとらずに断食し、体毛を一本残らず剃り、上半身にイグアナの脂を塗った。最後の夜は一睡もせずに踊り明かし、夜明けを迎えると突然全速力で駆けだして洞窟の入口へ向かった。この儀式のどれかひとつでも怠ると、恐ろしいことになる。一八七〇年代、ヤーキナ鉱山を訪れたある探検団は、決められたとおりに儀式の手順を踏まなかった。彼らが鉱山に入ると天井が崩落し、赤黄土に埋もれて、一人を除いた全員が命を落とした。この話を聞いた人々は、侮辱されたと思った鉱山の守護神、つまりモンドングの類いの仕返しと断じた。

私たちは盆地の外側にある尾根へ向かい、雲霞(うんか)のようなハエの群れに追われながら断崖線に沿って進んだ。オスカーがトカゲを追って藪の中へ突進した。崖の割れ目から白いフクロウが羽をバタバタ打ち叩いて舞い下りた。しばらくすると、ゴードンが四つん這いになって小さな窪みへ下り、ついてこいと私に身ぶりで合図した。

「こいつは、びっくりだ！」暗がりにしゃがみ込んで、私は素っ頓狂な声をあげた。割れ目の外でケニーとマディが大笑いしている。

過去のいつか、アボリジニの誰かが岩壁に片手を押し当て、口に含んだ赤黄土を吹きつけてステンシルを作った跡があったのだ。私は少しずつ距離を縮めた。

「それはマールーの血だ」と、マディが言った。

先に進んで、また別の窪みに這い入ると、ふたたび土の手形が見つかった。次の窪みにもふたつ手形があり、ひとつは親指を曲げていた。断崖線を駆け下りる途中にも何十か跡が残っていた。低木の茂みの下に、赤い色がついた砥石があった。岩が張り出した下の壁には、赤黄土を使ったブーメランのステンシルがふたつあり、丸い端が互いに向き合っていた。いたるところにこの道を行き来した人たちのしるしがあり、彼らの活動はすべて、赤黄土の中にたどることができた。地面に描かれた柔らかな赤い筆跡のように。

あるところで赤黄土のしるしが見え、その横の岩の片隅に小枝の束が押し込まれているのに気がついた。念入りに編まれ、鳥の巣の形をしていた。よく見ようと前へ這い進むと、すぐケニーがささやいた。「触らないほうがいい」

振り返ると、ケニーとゴードンとマディが厳粛な面持ちで私を見つめていた。

「先住民に関わりのあることだ」マディは言った。

その夜、低いアカシアの茂みに囲まれた場所で焚き火を囲んだとき、ケニーが小枝の束の話をしてくれた。二、三年前、彼の従兄弟のブライアンが古代の鉱山近くで絶壁を探検中、複雑に絡ませきつく編み込まれた同じような小枝の束を見つけた。見てみようと窪みから引っ張り出し、両手でつかんでひっくり返した。元に戻そうとしたが、遺物を荒らしてしまったのは明らかだった。ケニーによれば、その夜、ブライアンは具合が悪くなって病院に運ばれ、三週間寝込むはめになった。

「つまり、それはモンド……」と質問が口から出かけたところで言葉を呑み込んだ。その名前を声にするのは露骨で愚かなことと感じたからだ。

ケニーは返事をせず、聞こえたそぶりも見せなかった。

私たちが地球から鉱物を掘り出しはじめて以来、

採鉱は儀式や祭式を伴う霊的な作業だった。古代世界のいたるところで人間は地下に隠れた石や鉱石を、地球という母体の中で発生を待つ胚芽のようなものと考えた。地質時代がゆっくり進行するあいだに身ごもり、育ち、温かい地中で熟し、成長したものだ。古代メソポタミアでは、〝鉱物〟に相当するアッシリア語は「ku-bu」といい、〝胎児〟や〝胚〟と訳される。アメリカ先住民のチェロキー族は、水晶を知覚を持つ生物として育み、動物の血をあたえた。さらに、地球から鉱物を掘り出す行為を霊的な罪とみなした。体から内臓をもぎ取ることに近いからだ。掘る道具を持って地下へ下りたとたん、聖なる謎の領域を侵し、強い霊的不安をともなう行為に手を染めたことになる。

近代以前の世界では、ほとんどすべての鉱山になんらかの形で〝地の精霊〟が出没した。彼らは気まぐれで、優しいときもあるが、復讐心に燃えていることのほうが多い。ウクライナの鉱山にはシュービンという長い毛皮のコートを着た精霊がいて、鉱夫を豊かな鉱脈へ案内することもあれば、死を招く崩落を引き起こすこともあった。ドイツの鉱夫たちがささやき交わしたのは、執念深い小鬼やトロールが暗闇で作った鉱物を強烈に光らせ、近づく者の目をくらませるという話だった。イギリスではノッカーと呼ばれる身長六〇センチほどの男が壁を叩いて鉱夫を地下へおびき寄せ、壁から有毒ガスを出す。地球から石や鉱物を掘り出す前に、誰もがまずこういった霊的存在に念入りに働きかけた。ボリビアの銀山の鉱夫たちがエル・ティオにラマの心臓を熱心に勧め、アボリジニがソングラインを歩いたように、世界中の鉱夫が彼らを鎮める儀式を行った。僧侶やシャーマンが鉱山の開山式典を監督し、鉱山の入口に神殿が建てられ、動物が供物として殺された。アフリカ西部のマンデ文明では、鉱夫は何日か社会の他の人々からみずからを隔離し、断食と禁欲で己を清めてから地下へ下りて地中を掘った。

もし古代の鉱夫が、機械で地球から巨大な穴を掘り出す現代の大規模な採掘を見たら、後ずさりしたにちがいない。無謀にも大地との危険な取引に手を染めた、悲劇や大惨事を招く行為だと、私たちを責めるだろう。鉱山が崩壊して何百人もの鉱夫を葬り、火が地下の水平坑道をひと舐めして鉱夫を焼き殺し、鉱山の化学物質が川を汚染して土地全体に病気を広めるたび、昔の鉱夫は私たちの冒瀆的行為、すなわち精霊をなだめなかった罪を責めるだろう。

遅い時刻で、空には星が出ていた。私たちはカンガルーのシチューを食べ終えたところだった。コリンの妻のドーンがいちばん柔らかい尾の肉を強く勧めてくれた。ピックアップトラックの運転席からコリンが数時間前に撃った動物の残骸が、近くの木の枝にぶら下がっている。全員が椅子の背にもたれて煙草を回し合っていた。マディが腹をこすって、「愛しいマールー」とささやくように歌い、最終音節の〝ルー〟を伸ばした。

しばらくして、翌朝ウィルギー・ミアに連れていくとコリンからお達しがあった。自分は老いぼれて鉱山の急坂を登れないから、ブレンダンが案内人を務めるという。二人の息子のうちブレンダンはこの地域に貢献している、とコリンは言った。時間が空くたび槍やブーメランに彫刻をし、ワジャリ族が部族で集まるときには踊りを指導しているのだ。

今、そのブレンダンが私の隣で、前かがみになって、煙草入れで紙巻き煙草を回していた。「明日、鉱山で静かにしていたら」小さな低い声で言うので、私は体を乗り出して耳をそばだてた。「モンドング爺さんの歌を聞ける」彼は歌の口真似をした。低い憂いを帯びた悲しげな声で、喉の奥を震わせながら。

みんながまた口を閉じたところで、コリンが言った。「モンドングは」帽子の縁からかすかな笑みが見えた。「一見、年寄りの先住民のように見える。人間より少し小さいが。素っ裸で姿を現す。あっという間に現れて、すぐまた姿を消す」

そこからハムレット一家は順ぐりで、積極的にモンドングの話を語りだした。ドーンはある人類学者の話をした。その学者がウィルギー・ミアの近くで作業していると、黒い肌をした小柄な裸の老人が鉱山の縁に現れ、彼を見下ろしてにらみつけ、心を乱すような歌をうたいだした。学者は車に乗って大急ぎで走り去り、そのまま二度と戻ってこなかった。

コリンもある女性人類学者についての同じような出来事を語った。その女性の前に年老いた男が現れて、ここから出ていけと命じ、ウィルギー・ミアからその足跡を消すよう求めた。彼女も立ち去り、二度と戻ってこなかった。コリンとドーンがおだやかに笑いはじめると、息子や孫たちもくすくす笑いだした。

マディは自分の妻がそれと知らずにモンドングを町まで車に乗せていった話をした。周りの人から助手席に座っている年老いた男について訊かれたが、彼女は誰も乗せた覚えがなかった。ここで、一家全員が我慢できずに大笑いした。ビールを口から噴き出し、椅子の背にもたれて、テーブルをバシッと叩く。

私は耳を傾けながら、この話を語る彼らの声音に戸惑い、どう言葉を返したらいいかわからなくなった。モンドングは危険な存在とされているのに、ハムレット一家は懐かしむような温かい口ぶりで語っていたからだ。まるで、昔から一家に伝わる話をしているかのように。

コリンは浮かれた気分を抑え込み、何年か前にワジャリ族の一団が地域の寄り合いの一環でウィルギー・ミアを訪れたときの話をした。彼らは日中、地下に下りて聖なる鉱山を訪れたが、日が落ちて暗くなったとたん、誰もそれ以上鉱山に近づこうとしなくなった。鉱山から二キロメートル近く離れたところで野営し、みんなモンドングに恐怖し暗闇で震えていたという。ハムレット一家は今や全員が甲高い声で笑いこけ、椅子から転がり落ちて、涙をぬぐっていた。「その連中はみんな、すっかり怯え」コリンが大声で言った。「二人ずつ組になって小便に行ったとさ!」

自分がポトシのエル・ティオのときと同じようなやりとりを聞いていることが、少しずつわかってきた。恐怖と、家族のような親密さ、そのふたつが混ざり合っているのだ。

やがて笑い声が静まり、コリンも黙った。帽子の下の顔はぼんやりとして見えない。「たしかに、彼らは残忍だ」と、彼は言った。淡々とした、おだやかな声で。それからコリンは煙草を一服して私を見つめた。「しかし、接し方さえ心得ておけば大過ない」

翌朝、柔らかな夜明けの霧の中、私たちの乗ったピックアップトラックは低木の茂みを弾むように進み、ウィルギー・ミアのふもとに着いた。映画の一場面のように、それは地面から忽然と立ち上がっていた。まるで赤熱の火山のようだ。ブレンダンと私がトラックから装備とライトを集めるあいだに、ベイビーを連れたコリンとドーンが車の陰に椅子とコーヒーの魔法瓶を置いた。周囲一面に、石の道具から削れ落ちた薄片が散らばっていた。何千年かの歳月で鉱山を訪れた人たちの名残だ。みな口数が少ない。コリンがにこやかな表情で片目をつぶって見せて、私を驚かせた。丘陵の色にもっとも生気がみなぎる夜明け直後に着くよう、強く主張したのは彼だった。

ブレンダンと私が坂を登りはじめ、コリンの車が眼下へ遠のいていくと、周囲にウェルド・レンジの全景が開けた。ソングラインの経路はいくつもの丘を通り抜けていた。どの頂も〈祖先〉のマールーが跳んだ跡だ。ウェルド・レンジでもっとも純度の高い鉄鉱石が含まれる露出した赤と黒の大理石模様を、私たちは登っていった——これをシノスチールは掘り出したいのだ。「やつらには絶対手を触れさせない」ブレンダンが言った。「月で小便するほうが簡単だ」

ブレンダンがまず頂上に着いた。「ここから見える」と、彼は小声で言った。私も彼の横に立ち、ぽっかり開いた赤い穴を見下ろした。底が見えないくらい深く地中に落ち込んでいる。その色に私は呆然とした。夜明けの渓谷の赤紫色(マゼンダ)や、雨でできた水たまりの深紅色など、ウェルド・レンジには全体的に鮮やかな色が広がっていたが、ここの色はまったく別の獣めいた感じがした。溶岩の赤、子宮の赤だ。赤色はここから始まったのではないかと思わせる、強烈な赤だった。

この色に本能的な衝撃を受けたためか、穴の奥深くから立ち上る妙に動物的な熱気のせいか、あるいは夜明けの早い時間で目がかすんだだけなのか、鉱山の縁から下をのぞいたとき、一瞬、誓ってもいいが薄闇に何かが動くのが見えた。小妖精のような男の姿がふっと見え、またふっと消えた。

ブレンダンが縁を乗り越え、私もあとに続いた。急斜面を下りるときは、がに股でこわごわ進んでいった。粉末状の赤黄土が長い滝と化し、サーッと音をたてて足もとへ落ちてきた。洗礼を受けたみたいに、瞬く間に全身が赤く染まった。二人で下りていくあいだ、軟らかな赤い土があらゆる音を吸収し、動いていても夢の中のように音が聞こえない。しゃべってみても、綿にくるまれたように声が遠く聞こえ、自分ではない誰かが話しているようだった。日が昇り、光が鉱山に開いた入口から斜めに光が差し込むと、赤黄土がチラチラ揺

らめき、温かな赤ワイン色から鮮やかな紫色、目に焼きつきそうなピンク色へと変化した。壁が動いているような幻想に陥った。あたかも鉱山全体がゆっくり鼓動しているかのようだ。私たちは生き物の喉を通って地球に呑み込まれようとしていた。

二人でしばらく足を止め、ブレンダンが岩壁から赤い土の塊を取った。それを私に手渡そうとするが、不安のせいで手が出ない。

「大丈夫」彼は言った。「ひとかたまり渡せと親父から言われている」

赤黄土は思ったより軟らかく軽かった。握ったまま手を閉じると、たちまち砕けて粉々になった。女性の頬紅のような感じだ。両手で押しつけ指にこすりつけると、手のひらが赤く輝いた。

半分ほど下り、薄明帯（トワイライトゾーン）と暗帯（ダークゾーン）の境界にあたる岩棚で休んだ。上のほうには入口から差す光が見え、下は漆黒の闇。暗闇からコウモリの糞の濃厚な臭いが立ち上ってきた。

私たちのいる岩棚のすぐ隣にカンガルーの死骸が横たわっていた。もろい皮膚は濃い紫色に染まっている。まさに、ここ数日話題になっていたマールーそのものだった。

「水を求めて跳んできたんだ」ブレンダンが言った。「そして、戻れなくなった」

改めて進みはじめる前に、ブレンダンがしばらく私を置いて鉱山の暗い隅へ姿を消した。ふたたび現れたときには木の棒を一本握っていた。骨色の、古びた感じで、長年にわたりくり返し使われてきたと思しきなめらかさがあった。ブレンダンが言うには、あるとき鉱山を探検中に割れ目に押し込まれているこれを見つけたのだそうだ。意図的に隠されていたらしい。彼は〝土掘り棒〟だろうと言った。〈祖先〉が壁から赤黄土を掘り出すのに使った採掘道具のことだ。

ブレンダンが棒を元へ戻してから私たちは下りを再開し、鉱山の暗帯(ダークゾーン)に入った。モンドングが歌う場所へ。

ブレンダンがヘッドランプを点けるよう手ぶりをして、「閉所恐怖症でないことを祈る」と言った。二人で暗闇の中へ歩を進めていく。昔の鉱夫たちと同じように。当時儀式を行ったのは、その奥義を伝授されて赤黄土の掟を司っていた特別な鉱夫、赤黄土の祭司たちだっただろう。ソングラインを歩き、〈夢幻時〉のマールーの話をし、〝道を開いた〟訪問者たちは、祭司たちに付き添われて長いトンネルを下り、鉱山の赤い心臓部へ入っていく。ブレンダンと私が入ったトンネル天井の入口は、昔はただの小さな隙間にすぎず、ひとすじの光しか入らなかったのだろう。赤黄土の祭司たちは訪問者を待たせて鉱山の深部へ下りていき、めいめいが掘り具を握り締めて鉱脈をたどったにちがいない。その道具こそ、ブレンダンが壁に見つけた、あの隠された棒だったのではないか。地下深くで、祭司たちはそっと丁寧に壁を刻んだだろう。落ちた赤黄土を集めて水を混ぜ、丸めて大きな玉にして、訪問者に渡したのだろう。地上に戻るとき、祭司たちは体の向きを変え、鉱山から後ろ向きに出て、葉のついた枝で足跡を消していき、モンドングから痕跡を隠したにちがいない。

私たちはしゃがんで頭を下げ、狭い採掘坑を這い進んでいった。二人とも指の爪からまぶたまで、赤い粉にまみれていた。どんどん暑くなってきて、空気の不足を感じ、糞の臭いがますますきつくなってきた。コウモリがあちこちを舞い飛ぶ羽ばたきの音が、かすかに頭上から聞こえてくる。壁には昔の鉱夫が土を掘ったときの引っかき傷が見えた。

トンネルの壁に背中をあずけて座り、休憩を取った。暗闇の中、隣にブレンダンの存在を感じる。二人とも意識を集中して黙っていた。モンドングの歌が聞こえないかと耳を澄ます。

しばらくしてブレンダンが首を横に振った。「今日は聞こえない。そっとしておいてくれるらしい」

私はうなずいた。モンドングの歌は聞けないということか。

それでも、暗闇で赤黄土の静寂に包まれていると、モンドングの存在が感じられた。エル・ティオなど、かつて世界じゅうの鉱山を守っていた古代の地の精霊たちの存在を人々が感じたのと同じように。つまり、これら精霊を生み出した独特の不安を、私は体感することができたのだ。人々は道具を手に神聖な場所へ下りて土を切り刻んできたが、それは精霊たちの生身を切り刻み、自分たちの世界の先にある神秘的で、神聖で、稀有で、不可思議な古代の物質を掘り出し、闇から光のもとへ持ち出そうとする行為なのだ——そんな一種の不協和を私は痛感した。


翌朝早い時間にコリン、ドーン、ベイビーとハウストレーラーでコーヒーを飲んだあと、私はウェルド・レンジを出てキューの町へ向かった。その途中、重低音を響かせながら丘陵へ向かってくる大型トラックとすれちがった。シノスチールが所有する車両軍団の一台だ。丘陵に建設済みの小さな野営地へ向かうのだろう。その野営地はウィルギー・ミアの先にある。会社は早く地面を破りたいと躍起になっていた。保有権が認められてから長い期間が過ぎ、作業の開始は予定より何年も遅れている。シノスチールは事あるごとに遅延と挫折に見舞われてきた。資金調達が遅れ、基幹施設が崩壊し、地元の政治家が任務を混乱に陥れた。いつの日かこの道路にドリルが入って地面が掘られはじめることを疑う者はいなかったが、手のひらの皺に赤黄土がこびりついた両手でハンドルを握りながら、私は想像した——ウェルド・レンジのあちこちに姿を現したモンドングが、掟を守らず、丘陵の管理責任に敬意を示さず、昔からの大地との接し方をないがしろにする新たな鉱夫たちの邪魔をしようと、全力を傾けているさまを。

地面を掘るという話になると、
夢は果てしなく広がる

ガストン・バシュラール『空間の詩学』

第5章

穴を掘る人々

——もぐら男とカッパドキア

一九六〇年代初めのロンドン北西部ハックニーで、ウィリアム・リトルという男が自宅にワインの貯蔵室を造ろうと地下を掘りはじめた。引き締まった体格にとがった下あごを持つ男で、土木技師として働いていた。ショベルで何時間か湿った土をすくい上げては後ろへ放り投げるうち、ようやくワインの貯蔵室にできるくらいの穴を掘り出すことができた。

しかし、リトルはそこでやめなかった。作業のリズムやショベルを差し込む感触、粘土の匂いが気に入ったのかもしれない。あるいは、まったくちがう何かに取り憑かれたのか。とにかく、リトルは掘りつづけた。ずっと掘りつづけた。四十年ものあいだ。

隣人たちは、彼ががらくたを載せた手押し車を地下から運び上げて、自宅の裏庭に捨てるところを眺めていた。最初は、地下にプールでも造っているのかと冗談を言い合っていたが、何年経っても掘るのをやめないので冗談も途絶えた。裏庭のがらくたの山が大きくなるにつれ家はろくに手入れされなくなり、割れた窓は修理されず、蔓が家屋を這い上がり、屋根の一部が崩れた。リトルはいつも同じ汚れたスーツの上着を着て、クズリ〔イタチ科の肉食動物〕のようなあご髭を生やしていた。彼が夜な夜な動物のように土を引っかいている音が聞こえたと隣人たちは主張している。

二〇〇六年、リトルの家の前で歩道が陥没した。市の代表者が調査に来て穴に入ったが、気がつくと彼らは、地下の入り組んだ巨大なウサギ穴のような土臭いトンネルの中をさまよっていた。トンネルは何層にもなっていて、深さは九メートル、約一八メートルずつ放射状に広がっていた。低く狭いトンネルもあれば、大きなトンネルもあり、どれも積み重ねた家庭用品で支えられていた。当時の訪問者の一人はのちに、リトルは自宅の地下を「巨大な蟻の巣」にしたのだと語っている。家は居住不能とみなされ、リトルは市が所有する高層アパートに移された。あたえられたのは最上階の部屋で、これは彼の穴を掘りたい衝動を防ぐためだったという。

報道機関がトンネルの話を聞きつけて、リトルは一躍脚光を浴びることになった。タブロイド紙は〈ハックニーのもぐら男〉と書き立てた。近所のパブが地元の英雄とリトルを称え、ロンドンっ子たちは足場材で補強されたリトルの家を巡礼した。

すると、市もリトルの家の正面に〈〝もぐら男〟ウィリアム・リトル。穴掘り人。ここに暮らし、穴を掘った〉というプレートを取り付けた。二〇一〇年にリトルが亡くなり、アパート最上階の彼の住まいに市の職員が入ると、部屋の壁という壁に穴が開きすべてつながっていた。

私がリトルの話を知ったのは彼の死後まもなくのことで、ちょうど、穴だらけになった奇妙な部屋が競売に出された頃だった。何年かにわたる彼のインタビューを読んでみたが、穴を掘った理由について彼は一度も説明していなかった。「掘るのが好きな男なのさ」と、彼はある記者に語っている。「大きな地下が欲しかっただけだ」ある記者にはそう言った。別の記事では、「なんの目的にもかなわないものを創り出すのは、とても美しいことだ」と語っている。

私は裏庭のがらくたの山を前にしたリトルの古い写真を見つけた。むさ苦しい野人といった趣だったが、顔には至福の表情が浮かんでいる。何か大事な秘密を知っているかのようにすら見えた。

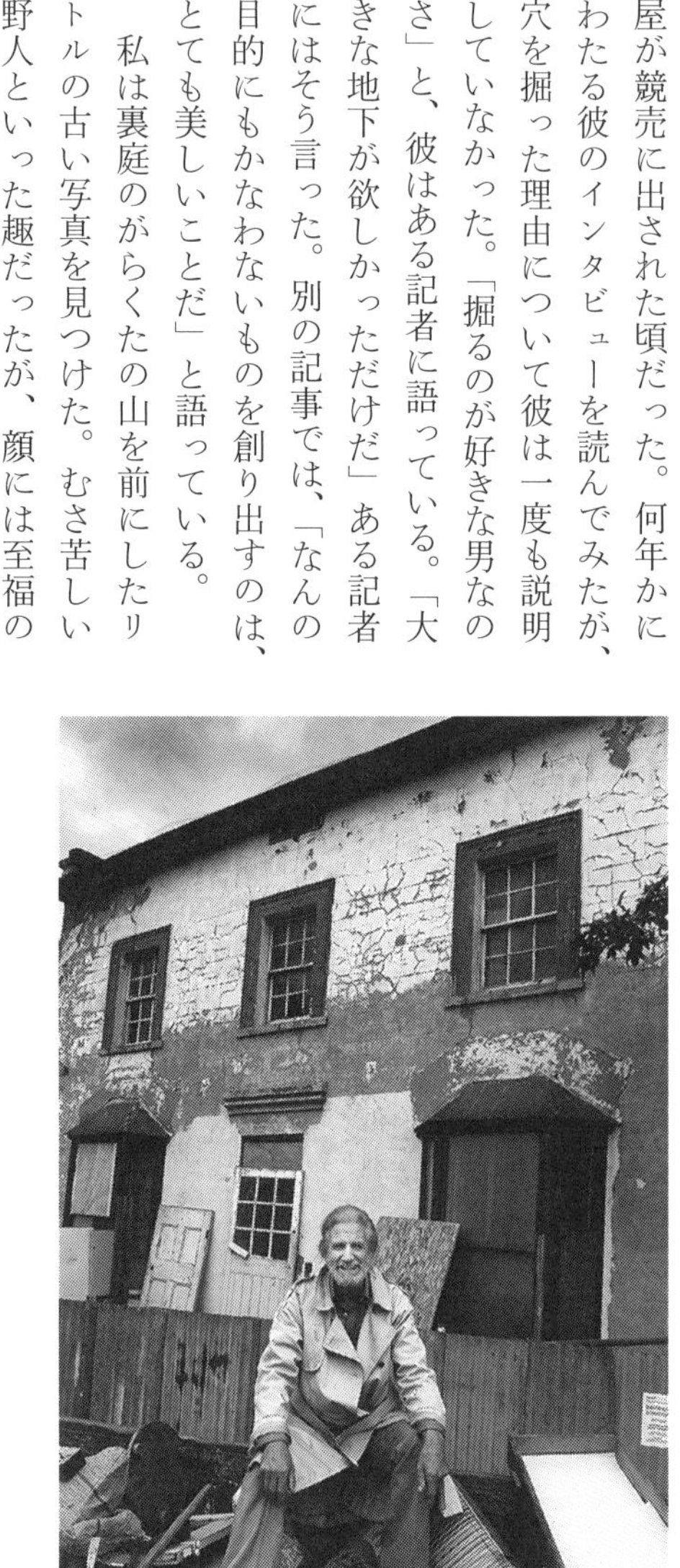

そして、こんなことをするのはウィリアム・リトルだけではないこともわかった。本人にもはっきり説明できない理由で一種の忘我状態に陥り、人生を穴掘りに捧げる人たちが世界じゅうにいる。まさに〝もぐら男〟の事件簿ができるほどの数だ。アルメニアの田舎に住むレボン・アラケリャンは、自宅地下にジャガイモの貯蔵庫を掘ろうとして穴掘りに取り憑かれ、その後三十年間、曲がり

くねったトンネルや螺旋階段を掘りつづけた。理由を訊かれた彼は、毎日夢の中で掘れと命じる声が聞こえた、とだけ説明した。次に、昆虫学者のハリソン・G・ダイアー・ジュニアはワシントンDCの離れた二軒の家を結ぶ全長四〇〇メートルのトンネルを掘った。一九二四年、通りが陥没して車が落ち、トンネルの存在が明るみに出たとき、ダイアーは報道機関に「運動のために掘っていただけだ」とうそぶいた。また、モハーベ砂漠に住むウィリアム・シュミットという老人は、三十二年をかけ、硬い花崗岩でできた山の斜面につるはしで六四〇メートルにわたるトンネルを掘った。理由を問われ、「近道を掘っただけ」と答えた。さらに、エルトン・マクドナルドという若者はトロントの公園の地下に全長九メートルのトンネルをひそかに掘った。このトンネルにテロリストが潜んでいる可能性があると警察が発表し、街じゅうがパニックに陥り、自分が掘ったと名乗り出たマクドナルドは、「掘ると気持ちがくつろぐんだ」と言葉少なに話した。最後に、十九世紀の公爵ウィリアム・ジョン・キャベンディッシュ＝スコット＝ベンティンク卿は労働者の力を借り、所有地の下に図書館とビリヤード場、広さ九〇〇平方メートルの舞踏室を完備したトンネル都市を造り上げた。舞踏室は壁も床も粘土で造られ、公爵はローラースケートリンクとして使っていたという。

次から次へと〝もぐら男〟に出くわすうち、私はまったく新しい心理学的症候群について想像しはじめた。DSM－5（精神疾患の診断・統計マニュアル第5版）に新たな項目を加えてはどうか。〝掘る、トンネルを掘る、穴を掘る〟を意味するラテン語の「perforo」から、「perforomania（ペルフォロマニア）」（穴掘り狂）という言葉などどうだろう。いずれにせよ、〝もぐら男〟はもっと根源的な衝動の一例にすぎないのではないかと私は思った。

カッパドキアの穴掘り人たちのことを知ったのは、トルコの古い旅行案内書を読んでいたときだった。国土中央部の巨大な台地に、村や小都市がまばらに散らばっていると書かれていた。その地域の地下には、火山灰が圧縮された分厚い堆積物からできた凝灰岩(ぎょうかいがん)という軟らかな石があった。岩といっても、凝灰岩はプレイドー〔子ども用の工作粘土〕に似て、扱いが簡単でありながら形を保持できる程度の硬さだった。つまり、穴掘りに最適な素材なのだ。大理石の彫像がルネッサンス時代のフィレンツェで最盛を極めたとすれば、穴掘りは古代カッパドキアで絶頂期を迎えたと言える。

カッパドキアでは、どの集落の地下にも手掘りの洞窟が網のように張りめぐらされ、曲がりくねったトンネルでつながっている。〝地下都市〟と呼ばれるものと案内書には書かれていた。城を逆さまにしたような形の巨大なものもあり、地下十層以上、人が何千人も入れるという。そんな〝都市〟が地域全体で何百とあるらしい。考古学者によれば、地下都市はしばしば避難所として使われた。敵が攻めてくると、地上の村人は地下へ逃げ込む。

しかし、それにしても不可解なのは、その構造が古代の書物にほとんど記されておらず、考古学的資料としてほとんど何も明らかになっていないことだ。三世紀と四世紀にカッパドキアに住んでいた初期キリスト教徒の手による地下都市もあるが、さらに先史時代までさかのぼるものも存在するらしい。一説によれば、古代のペルシャ王イマは来るべき大惨事から王国を守るため、曲がりくねったトンネルが支える複数階の巨大な地下避難所を掘ったという。

案内書の中で私が特に惹きつけられたのは、小さな挿絵だった。ある地下都市の横断図で、入り組んだ迷路状のトンネルが土を掘る人であふれ返っている。ここには完全なひとつの文化がある。描かれた人々は人生を穴掘りに捧げたウィリアム・リトルら〝もぐら男〟たちの祖先なのだ。

イスタンブールから夜行バスでカッパドキアに着いた。

中心地ギョレメでバスを降りたとき、まわりの景色を見て声も出ず、ただ瞬きするのみだった。何百万年もの風雨が凝灰岩を削ってホイップクリームのような岩の丘を形づくっていた。こんな地形がありえるのか、異星人の住む惑星を描いた子どもの絵のようだ、と思った。停留所のすぐ先には、〝妖精の煙突(ペリバジャバル)〟と呼ばれる、垂直にそそり立ったキノコのような形状の岩のオベリスク群が見える。

何人かに尋ねてみると、幸運をもたらす奇岩だと言う人もいれば、復讐心に燃えた小妖精が棲んでいるから絶対近づかないほうがいいと言う人もいた。

私が泊まった「エムレズ・ケイブハウス」という宿は、町はずれの丘を掘って造られた部屋の小さな集合体だった。このあたりではいちばん安く、少し寂れた感じもしたが、正面の芝生には錆びついたスイミングプールもあった。名前の由来となった経営者は太鼓腹の陰気な男で、赤ワインを飲み、女性の泊まり客には近くの農場で飼っている馬の写真を見せていた。

ギョレメを拠点に、毎日さまざまな地下都市を訪ねた。バスで行ける場所も二、三あったが、大半は遠くの村にあり、曲がりくねった長い道路を歩いているとトラックの運転手や農夫が便乗させてくれた。オズコナック、デリンクユ、カイマク

ルといったそれぞれの村の名前も、土地と同様ごつごつした感じがする。私はイスタンブールで買った現地の考古学教本を持っていった。筆者はオメル・デミルという歴史家だ。地下都市について語られる熱烈な愛と独特の英語翻訳が相まって、旅の楽しい相棒となった。

ある朝、霧がたちこめるなか、火山地帯の真ん中にあるオズルジェという小村に着いた。主要な通りから坂を上がっていくと、頭にネッカチーフを巻いて大きく膨らんだズボンを穿(は)いている老女に遭遇した。彼女は自宅の玄関を掃いていて、頭上の煙突からは灰色の煙が立ち上っていた。「イエラッティ・シェヒル？」と声をかけた。トルコ語で〝地下都市〟という意味だ（私の使えるトルコ語は、「こんにちは」「お元気ですか」「ありがとう」「さようなら」、そして、「地下都市」だけだ）。老女は手招きし、少し歩いたところにある小さな建物へ案内してくれた。

玄関をくぐり、懐中電灯を点けて石造りの階段を下りていく。ミツバチの巣箱のような漆黒の洞窟に入った。壁はカラメル色で、湿った空気は自分の息が見えるくらい冷たかった。両手両膝をついて低い通路をゆっくりと這い進み、アーチの下では頭を引っ込めた。

部屋は五つか六つあり、それぞれの大きさはクローゼットほどから車を四台収納できるガレージくらいのものまでさまざまで、全部が狭いトンネルでつながっていた。いずれの壁も粗削りだが、角張ったところはなく、アメーバ状に広がっている。どこも埃が積もり、蜘蛛の巣が張っていて、白黴の臭いがした。誰も足を踏み入れないままに長い時間が経っているらしい。半時間ほど過ぎたところで、この空間をどう理解したものか途方に暮れた。冷たく、異質で、空っぽな感じがした。案内書で見た断面の挿絵のような、集団で穴掘りをした形跡はどこにもない。人が穴を掘りたくなる衝動の根源をほのめかすものがない。私は間違った場所を見ているのだろうか、それとも、空間の見方を誤っているのだろうか。

入口へ戻ると、戸口のわきに石臼のような円盤形の大きな石があった。大きさも形も巨大なトラックのタイヤに似て、重さは一トン以上ありそうだ。オメルによると、侵略を受けたとき村人は地下へ逃れ、扉の前に石を転がして、中から地下都市を閉じたという。その石臼がこの地域のあらゆる地下都市の入口を守ったのだ。

カッパドキアのさまざまな地下都市を訪れるたび、私は地図や略図を書き、見つけたものの目録を作り、トンネルと部屋の写真を撮り、入口の石臼を撫(な)でた。指の感覚がなくなるまで何時間も地下で過ごすこともあった。しかし、どれだけ時間をかけて探索しても、毎回、空間を読みちがえているような気がした。私には理解できない何かがあるような気がしてならない。ときどき、奥の部屋に座って指の関節で壁をコツコツ叩き、音の変化に耳を澄まして、どこかに隠れた部屋がないか探してもみた。

ある日の午後、オズコナックで一人の老農夫と出会った。ラティフは地下都市を発見したことがある町の導師(イマーム)で、よく響く低い声で話した。子どもの頃に木から落ち、片手を失くしている。彼によると、一九七二年のある日、家の畑を歩いていると水が地下へ消えていくことに気がついた。地面をつつくと穴が開き、顔をひんやりとした風が撫でた。掘りつづけていくと、ひとつの部屋から

UNDER GRAUND CITY
18
YER ALTI ŞEHRİ
YER ALTI ŞEHRİ

次の部屋につながり、また別の部屋が出てきて、どんどん深くなっていったという。そんな唖然とするような構造物を発見してどんな気持ちがしたかと私は尋ねた。彼はしばらく思いに耽るように私を見つめ、指に挟んだ数珠をカチカチ鳴らしていたが、そのあと発した言葉に私は心底驚いた。「地下都市は珍しいものではないんです」彼はそう言った。「どこにでもあります。そういう場所を掘り当てるのは、昔からよくあることなんです。特別なことではありません」

じつは、地球最古の多細胞生物は穴掘り動物だった。エディアカラ生物群。五億四二百万年前を生きた謎めく小さな生物だ。初めて酸素呼吸をした多細胞生物であり、古生物学者の言う顕生代（けんせいだい）（肉眼で見える生物が生息していた時代）に現れた。海底に棲み、トンネル網を掘り、地中で身を守った。彼らの掘った穴の化石は〝痕跡（トレース）〟と呼ばれる。美しい幽霊めいた模様をしていて、古生物学者によって地球のいたるところで発見されている。

以来、穴を掘ることは生命体の進化上、生き残るための重要な手段となった。捕食動物から逃れ、子どもを保護し、悪天候から身を守るためにきわめて有効だからだ。あらゆる生命領域、あらゆる生息環境の生物

たちが穴掘り動物として力強く生きてきた。魚貝は海底を掘り、鳥は砂漠に穴を掘った。実際、生物学者が〝生命史上もっとも栄えた陸生動物〟と認める生物は、穴掘り昆虫、すなわち蟻だ。地球上のあちこちで一億年生き延びてきた彼らは、全陸生生物の約一五パーセントを占めている。巧妙に設計された地下の巨大な巣で長いあいだ働き、子孫をつないできた。なかには深さが九メートル以上で、小さな家一軒分の面積を持つ巣もあり、何百もの入口、何千もの部屋があって、それぞれの部屋には食料貯蔵庫、ゴミ捨て場、保育室など特定の機能が付与されている。

進化論的に見て、人間が穴掘りに適するとは思えない。穴を掘るには体が大きすぎ、直立形で手足も長すぎる。人間の生存には豊かな空気と光が必要だ。生理学的に見て、狭く暗く酸素に乏しい地下ほど人間にとって耐え難い環境はない。穴を掘ることはすなわち閉所恐怖症に見舞われることであり、墓の中に閉じ込め

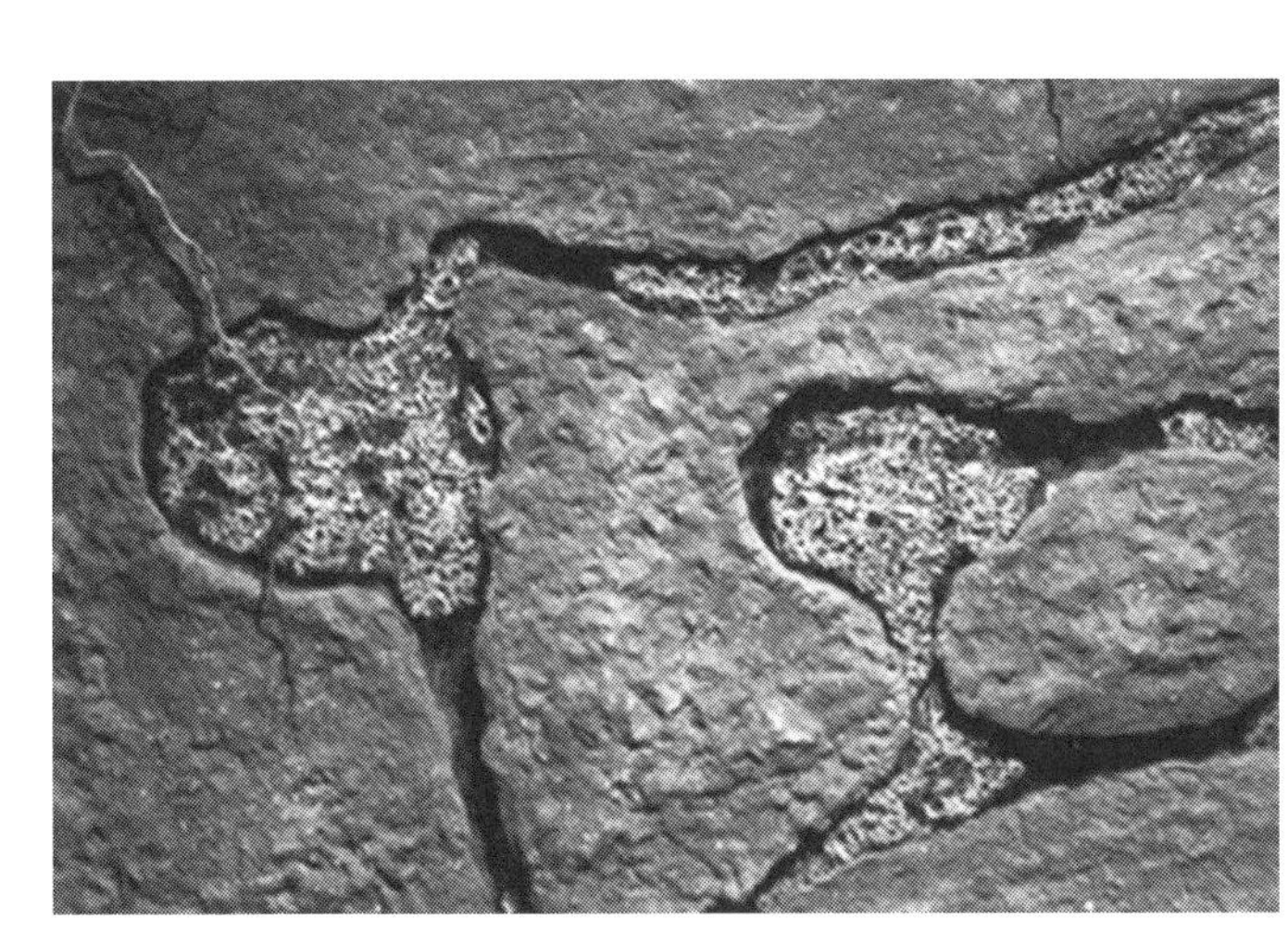

られるのに似ている。

それでも歴史上、私たちは世界の隅々で穴を掘ってきた。絶望が頂点に達する戦争や紛争時には穴を掘って暗闇に下り、〝地球の厚み〟の中にみずからを閉じ込めた、と哲学者のポール・ヴィリリオは地下避難所の研究書『掩蔽壕の考古学』〔未邦訳〕に書いている。マルタ島の人々は十六世紀、街の下に迷路のようなトンネルを掘ることで、トルコの侵略をはねのけた。同様に、ベトコンはジャングルの下に蜘蛛の巣のようなトンネル都市を造った。シリコンバレーの億万長者が世界の終末に備えて穴を掘り、とてつもなく贅沢な地下シェルター施設を造っているように。世界の終末は史上最古の物語のひとつで、神が異端者に怒りの鉄槌を下す日を預言者イザヤはこう記している。〝岩の洞窟、地の中の穴に入るがよい。主の恐るべき御顔と、威光の輝きを避けて〟

近代、穴を掘ることにもっとも熱狂したのは冷戦時代のアメリカだった。J・ロバート・オッペンハイマーが〝同じ瓶に閉じ込められた二匹のサソリ〟と書いたように、ソ連とアメリカは核ミサイルの発射ボタンを押す寸前まで行った。そして、差し迫る核爆弾の爆発から彼らが生き延びる唯一の方法は、地下に穴を掘ることだったのだ。

郊外の裏庭で家族がショベルを手に核シェルターや避難所を掘り、水の入ったドラム缶や〝原子クラッカー〟と呼ばれる非常用ビスケットを備蓄した。何百もの会社が既成の個人用シェルターを売り出し、ウィネベーゴ社やジャクージ社の商品のように〝徳用〟から〝豪華版〟まで、いろいろなモデルがあった。

ニューメキシコ州の町アーテーシアは地下の学校を建てた。見えるのは地上の入口がある運動場だけだ。地下には生徒四百二十人が入る教室と、核攻撃の際二千人が避難できる市民用シェルターがあった。カフェテリアのウォークイン冷蔵庫は死体保管所に転用できる。ある生徒は新聞記者に、「地下にいるのは変な感覚だけど、安全なことはわかる」と語った。

いっぽう、ニューヨーク市は〈マンハッタン核シェルター計画〉を検討した。深さ二四〇メートル強で、当時四百万だったマンハッタンの全人口を最大九十日間収容できるものだった。提案されたシェルターには九十二の入口があり、マンハッタンの全住人が三十分以内に防爆扉内に入れると請け合った。

当時のジャーナリストが、〝アメリカでかつてこれほどの土が、これほど多くの人の手で、これほど熱心に掘られたことはない〟と書いている。ニューヨーク・タイムズ紙はこんな光景を記事にした。〝先週、六歳の少年が家の前のなめらかな

芝生にせっせと穴を掘っていた。びっくりした母親が「何をしているの?」と尋ねると、少年は手を休めずに答えた。「地面に大きな穴を掘って、爆弾から隠れるんだ」

批評家たちは、地面を掘るのは人間らしくない、それは人間の衝動ではなく動物の衝動だと主張した。ある著述家は、〝墓掘りを受け入れることは人類のたどってきた軌跡に逆行する〟と書いた。〝原始人が洞窟を出て、光に向かって歩きだしたとき、彼は前と上へ向かい、引き返してはこないはずだった〟と。なのに、人々はショベルを握り、大量の土を空中に放り上げていた。自宅の下に穴を掘ったウィリアム・リトルと同じ、忘我の境地に陥っていたのだろうか。

ラティフと話したあと、カッパドキア最大の地下都市があるデリンクユに向かった。吹きさらしの野原の真ん中に石造りの長い階段があり、そこを下りて地下九メートル地点をめざす。入口の石臼を通りすぎた瞬間、強い風が吹き上げてきた。深いところに広大なトンネル網があるしるしだ。

地下九メートルで、オメルの本に家畜小屋と書かれていた部屋をゆっくり通り抜けると、かつて台所だった大きな部屋に着いた。床の中央に調理用に火を焚いた小さな窪みがあり、蝋燭を立てる壁の窪みもあった。隣の部屋は穀物を入れる陶器の壺の収納室だった。天井の穴が換気口になって冷たい空気が勢いよく流れ込み、深い井戸も掘られていた。さらに進むと共同寝室があり、その隣の大きな部屋は、オメルによれば教室として使われていたそうだ。デリンクユの地下都市はほんの一部だけきれいに片づけて、見物人が通れるようにしてあった。かつては地下に十八層あり、何百もの部屋と換気孔があって、入口も四十以上あったが、現在ではその大半はもう建築物の下に覆い隠されている。

デリンクユをさまよいながら、管のように細いごつごつしたトンネル網が縦横に広がっているのを見ているうち、蟻の巣に放り込まれた気分になった。部屋から部屋へ移動しながら、通路を曲がった先でいつ蟻の大軍に呑み込まれて暗闇を駆けだすはめになるかと想像した。

地上に戻ってもその感覚は続いていた。出たところはデリンクユからさほど遠くない地点で、そこから水のない峡谷を歩いた。浸食で地下都市の一部が崩壊し、断面が露わになっている。それが一・五キロメートルほど続く。地下建築全体のレントゲン写真を見るかのようだった。

ゆっくりと渓谷を下りながら、地下都市の断面は蟻の巣のそれに似ていると思わずにはいられなかった。

この興味深い構造上の類似について考えながら歩いていると、雨が降ってきた。身をかがめて片側の土手を越え、地下都市の部屋の軒下にうずくまり、目の前の埃っぽい地面に雨粒が落ちるのを見つめていた。古代ギリシャの哲学者デモクリトスの〝我々はもっとも重要なことにおいて動物の弟子である〟という言葉を思い出した。人間と蟻の類似はなんらかの教えの結果であり、種と種の間でそれが拡散されたのだろうか。アリゾナ州の先住民ホピ族に語り継がれている古い神話がある。はるかな昔、地上で途方もない大火災が起こり絶滅しかけた人類が、ぎりぎりのところで蟻に救われた話だ。火が迫ったとき蟻がやってきて、自分たちの巣へ人間を導き、火が鎮まるまで地中のトンネルにかくまってくれた。地上に戻り生活を立て直したあとも、人間はずっと蟻への恩を忘れなかった――。

カッパドキアの地下都市と蟻の巣の類似がすっかり頭から離れなくなった私は、アメリカへ戻ると、蟻の巣の構造を研究している昆虫学者に会うため、フロリダ州の州都タラハシーへ向かった。

ある蒸し暑い朝、ウォルター・シンケルはタラハシーに着いた私たちを車で迎えにきて、アパラチコーラ国立森林公園にある彼の研究所へと案内してくれた。六十代後半のシンケルは、半世紀をかけて蟻を研究してきた人物だ。道中、アラバマ州で過ごした子ども時代に近所の洞窟を数多く探検し、蟻を追いかけて育ったという話をしてくれたが、会話はあまり弾まず、車内にはすぐ沈黙が降りた。無口で生真面目な人なのだ。私は自分が来た理由や〝もぐら男〟と地下都市のこと、穴を掘りたいという衝動についての質問などを、この場では控えることにした。

シンケルの研究所は低木に囲まれた砂地の空き地に立っていた。そばには二種類の蟻の巣があった。アメイロアリ属とアシナガアリ属のものだ。ウィンナソーセージを何本か地面に置き、蟻が出てくるのを待った。シンケルは長年巣の構造を研究し、蟻が巣のさまざまな部分をどう使うのか理解に努めてきたが、実際に巣を見ることができないことに失望していた。掘り出していくうちに巣は壊れてしまうからだ。そこで彼の考えた解決法は、巣に金属を流し込んで鋳型（いがた）を取る、というものだった。

私たちはシンケルが造船所から回収してきたという亜鉛の破片を、彼手造りの窯（かま）で溶かした。分厚いオーブンミットをはめて液状の亜鉛が入ったるつぼを運び、それぞれの巣の穴に漏斗（ろうと）の先をあてがうと、溶かした亜鉛をゆっくりと注ぐ。熱い銀色の液体が少しずつたまっては地面に吸い込まれていった。巣の住人たちは不幸にも犠牲となった。「死は生物学の一部だ」とシンケルは言った。巣の隣に注意深く大きな穴を掘った。亜鉛はあらゆる動脈と部屋とこぶに流れ込んで固まっていた。鋳型を静かに地中から取り出していく。古代文明の不思議な遺物であるかのように、それが土中から姿を現すところを私たちは見守った。

シンケルはこの鋳型をコレクションに加えガレージに飾った。そこには金属の蟻の巣が何十個もシャンデリアのように天井からぶら下がっていた。すべて別種の蟻によるものだという。かなり大きな巣になるはずだったものも、いくつかあった。

さっき鋳造したアシナガアリ属の巣を手に取ってみると、デリンクユの地下都市を正確にかたどったミニチュア模型を持っているような不思議な心地がした。

私たちはその日ほとんど無言で作業をしたが、ついに我慢できなくなり、シンケルに会いにきた理由、ウィリアム・リトルのこと、冷戦時の穴掘りやカッパドキアの地下都市、そこで見た台所と、敵が侵略したとき転がして入口をふさいだ石臼のことを、彼に話すことにした。

掘るという行為は原始的な行動で、人間のもっとも基本的な行動のひとつだ、と言うつもりだった。地面に穴を掘って地下へ下りるとき、私たちはまぎれもなく、生命の歴史をたどる旅にいそし

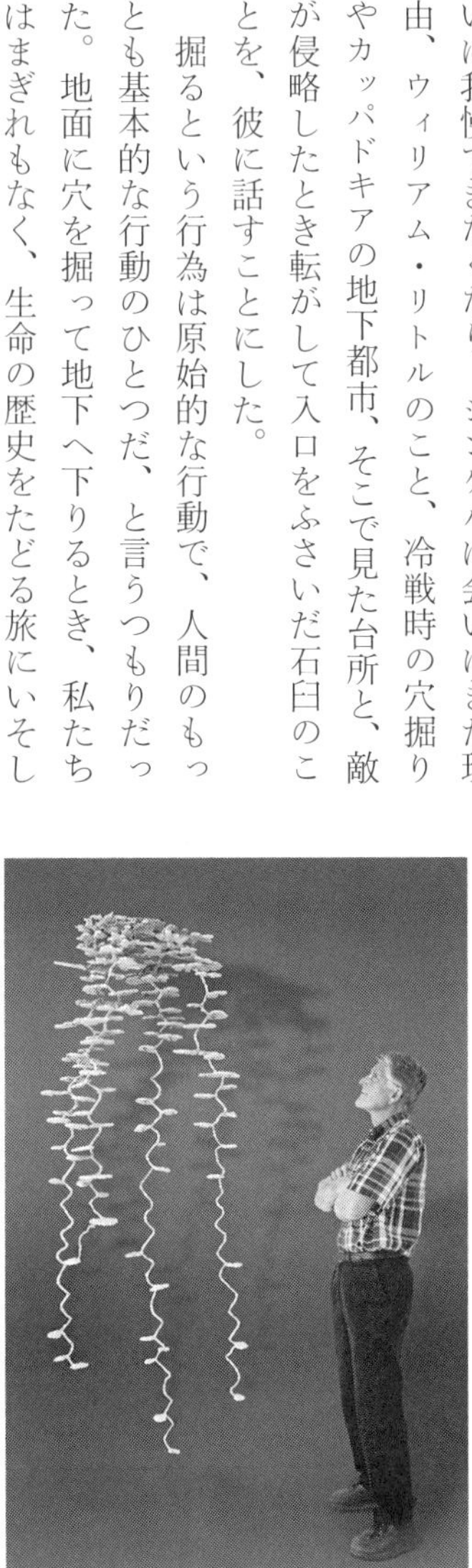

んでいる。初期哺乳類の祖先や最初の脊椎動物を通りすぎ、多細胞生命体の発生という系統樹の根っこまでさかのぼる行動に他ならないからだ。穴掘り族の一員として、人間と大地との昔からの強い絆を感じずにはいられない。閉じ込められる恐怖、暗闇の恐怖、生き埋めにされる恐怖より、地下を掘って得られる安心感、大地に包まれている感覚に癒やされるのだ。穴を掘るという蟻と人間の類似性は、人間が他の動物と同じく地球と交流する動物にすぎないことの証だ。私たちはみな同じ永遠の問題に、同じ解決法を探しているのだ。そんなことを言うつもりでいた。

ところが、本題に入る前に、真険な顔をしたシンケルに話をさえぎられた。

「石臼とは、どういう意味ですか？」

「大きな丸い石で」私は答えた。「ドーナッツのような形をしています」ノートを取り出し、絵を描いて見せた。「彼らはこの石臼を、しかるべき場所に……」

シンケルがうなずいている。そして言った。

「コスタリカに興味深いナガアリの一種がいる」

ワシントン州のエバーグリーン州立大学で、彼と同僚のジョン・ロンギーノが最近発見した種だった。シンケルによれば、このナガアリ属は好戦的な軍隊アリの一種から常に包囲されている。彼らの攻撃から身を守るため、この蟻は独特の方法を開発した。「しかるべき大きさの小石を巣の入口の横に置くんです」と、彼は言った。「軍隊アリがやってくると、集団で巣の中へ退却する。そして、しんがりの蟻が小石を入口にかぶせる」

タラハシーを去ってすぐ、私はジョン・ロンギーノに電子メールを送った。一週間後に届いた彼からの返信メールには、入口の横に小石を置いたナガアリ属の巣の写真が添付されていた。さらに、しんがりらしき蟻が巣穴へ退却し、しかるべき場所に小石を引っ張っているようすを写した写真もあった。〝先週シンケルと話をし、それ以来、自分たちはこの蟻のことを〈カッパドキアアリ〉と呼んでいる〟とロンギーノは書いていた。

ときに悲しみから、なんの理由もなく
あなたは歌う。迷い人となり、
ほかの全てのものから自分を切り離し、
行きたいところへ行ける世界を選ぶ。
そんな道を、なんの理由もなく受け入れる。

ウィリアム・スタフォード「自由の身になる」

第6章

迷う

――方向感覚の喪失が生む力

二〇〇四年十二月十八日の夜、フランス南西部マディランの小村で、ジャンリュック・ジョシュアベルジュという男が廃棄されたマッシュルーム農場のトンネル群に迷い込み、行方不明になった。地域医療センターに管理人として雇われていた四十八歳のジョシュアベルジュは、ある理由で落ち込んでいた。行き先も言わず妻と十四歳の息子を家に置いて、ウイスキーの瓶とポケットいっぱいの睡眠薬を持って、車で丘を上がっていった。マッシュルーム農場にあるトンネルの大きな入口までランドローバーを乗りつけると、懐中電灯を点け、暗闇の中へよろよろと足を踏み入れた。もともとは白亜鉱山として石灰石質の丘から掘り出されたトンネルだったが、真っ暗な回廊と曲がりくねった通路と行き止まりが織りなす、長さ八キロメートルの迷宮になっていた。

ジョシュアベルジュは一本の通路を進んだあと分岐点で方向転換し、さらにまた別の道を進んだ。懐中電灯の電池が徐々に減ってきて、やがて切れた。その後、湿った通路を踏みしめて進んでいたとき、靴が何かに吸い込まれるように足から脱げ、泥の中に呑み込まれた。ジョシュアベルジュは素足でよろめきながら漆黒の闇を手探りして出口を探したが、努力は報われなかった。

年が明けた一月二十一日の午後、ジョシュアベルジュがトンネル群に入ってからちょうど三十四日後に、地元の十代の少年三人が、このマッシュルーム農場を探検することにした。入口の暗い通路に足を踏み入れたところで、彼らは無人のランドローバーを発見した。運転席側のドアが開いたままだ。警察に通報すると、駆けつけた捜索隊が九十分後に、入口からわずか一八〇メートルほどの部屋にいるジョシュアベルジュを発見した。幽霊のように青白い顔で、骸骨のように痩せさらばえ、不揃いなあご髭が長く伸びていた――それでも、彼は生きていた。

ジョシュアベルジュ生還の報が広まると、彼は〝暗闇の奇跡〟として一躍有名になった。

マッシュルーム農場の地下で過ごした何週間かの物語で彼は記者たちを楽しませた。実際、遭難した登山家や孤島に打ち上げられた難破船乗客の回想譚にも引けを取らない話だった。四つん這いで闇の中を進み、手探りで見つけた粘土と腐食した木を食べた。石灰石の天井から滴り落ちる水を飲み、ときには壁に口をつけて水を吸い取りさえした。眠るときは、マッシュルーム農家の人々が置いていった古いビニール製の防水シートにくるまった。ジョシュアベルジュの話で記者たちが面食らったのは、彼の精神状態が思いがけず激しい振幅に揺れたことだった。

想像に難くないが、ときおり彼は深い絶望に沈んだ。「耐えられなくなったときのため」に、トンネル内で見つけたロープの切れ端で首吊り用の縄を作った。

しかし別の瞬間もあったと、ジョシュアベルジュは語った。暗闇を歩くうち、一種の瞑想的な静けさへ滑り込んだのだという。方向感覚の喪失を受け入れて、思考から解き放たれ、まるで肉体から離脱したかのように、心おだやかに闇の中に漂っていた。そんなときは何時間も迷路をさまよい歩きながら、「暗闇で歌を口ずさんでいた」という。

ジャンリュック・ジョシュアベルジュの物語と、道に迷った状況で彼が経験した不思議な相反する経験を初めて読んだとき、数年前にパリで敢行した準備不足の小旅行を思い返した。十八世紀にある男がたどった道筋を探検するため、二人の友人と地下納骨堂（カタコンブ）へ下りたのだ。「その男」も石切り場に入りそのまま行方不明になったことで有名になった。一九七三年、バルドグラース病院の門番をしていた六十代のフィリベール・アスペアは、薬草酒シャルトリューズの絶品が隠されていると噂されていた近くの女子修道院に秘密のワインセラーを見つけようと地下へ下りていった。そこで自分がどこにいるかわからなくなり、十一年後、サンミシェル大通りの下に位置する窪みで死体となって発見された。彼が倒れていた場所には、記念の墓石が建てられた。

身が引き締まるように寒い十二月の夜、私はカタコンブの入口近くに身をかがめ、地下へ這い進む準備をしながらセレナとオーサに説明した。地下愛好家（カタフィル）たちはフィリベール・アスペアを守護聖人にしてきたのだ、と。石切り場へ行くときはフィリベールの墓を訪れるのが習わしになり、そこで花と灯明（とうみょう）とグラスワインを手向ける。小さな手工芸品を供えることまであった。私たちも郷に従うつもりでいた。フィリベールの墓までハイキングしてから引き返し、二、三時間したら地上へ戻ろう。セレナとオーサは学生で、翌朝授業があった。二人ともプロの道化師になる勉強をしていた。夜八時ごろ、ワイン一本、パン一斤、ボトルの水を入れた小さなバッグを持って、私たちは身をよじりながら入口のたこ壺を通り抜け、幅三二〇キロメートルに及ぶ地下迷路へ下りていった。

いま思えば、私はまったく無能な案内人だった。当時はまだパリへ来たばかり。スティーブ・ダンカンとこの街を横断したのは何年もあとのことだ。カタコンブは一度しか訪れたことがなかった。ハチェットという探検家から手に入れた石切り場の地図を携行していたが、実際に道案内に使ったことはなかった。ハチェットは石切り場のおもな目印がある場所を手短に挙げ、地図に明記されていない入口も指差して教えてくれた。大雑把な指南だったし、もっといろいろ質問しておくべきだったが、あのときの私は、地下に下りてもちゃんと自分の位置は把握できると思っていた。

暗闇の分岐で道を選び、また選ぶ。頭に装着したヘッドランプで壁を照らし、ブーツに水が跳ねかかるなか、石でできた蜂の巣を縫うように進んだ。セレナとオーサが石切り場に入るのはこのときが初めてだった。彼らは彼方の地下鉄（メトロ）のささやきに耳を傾け、冷たい石を手で探りながら進んでいた。一時間ほど歩いて天井の低い窮屈な部屋に入ると、泥が乾いて割れた模様が地面についていた。私はそれをざくざく踏みしめながら、この模様は迷路の道筋に似ている、まるで私たちが今たどっているトンネル網という小宇宙の内側、迷路内迷路をのぞき込んでいるようだ、などとコメントした。

自分の間違いに気がついたのはそのときだ。地図を見て、フィリベールの墓へ続く道筋の次の岐路を見定めようとした際、入口の位置を見誤っていたことに気がつき、胃が揺さぶられる心地に襲われた。つまり、地中に下りた瞬間から、進路を選ぶたびに間違った選択をしてきたわけだ。私た

ちはフィリベールの墓とかけ離れた場所にいる――ここがどこなのか、見当もつかなかった。どこまで来てしまったのかも、どう戻ればいいのかも、いま向いているのがどの方角なのかさえ、まったくわからない。消え入りそうな声で、何があったか二人に説明した。全員が声を失った。限られた食料と水しか持ってきていない。ヘッドランプの電池は着実に減っていく。コンパスもない。

はるか昔から、ホモサピエンスは優秀な探検家だった。脳の原始的な領域にある海馬（かいば）という強力な部位が、私たちが一歩進むたび、数多（あまた）の神経細胞（ニューロン）を駆使して自分の位置に関する情報を集め、神経学者が〝認知地図〟と呼ぶものを編集し、空間内の見当識を恒常的に保っている。現代人の必要性をはるかにしのぐ機能を持ったこの装置は、狩猟採集のため放浪していた遠い祖先から受け継がれたものだ。祖先たちの生存はまさに見当識の能力にかかっていた。水が手に入る穴を見失ったり、動物の群れに出会えなかったり、食用植物が見つからなかったりすれば、確実に死が待っていた。未知の風景をかき分けてみずからを導く能力なくして、ホモサピエンスの存続はかなわなかっただろう。これは私たち人間に生まれつき備わっている能力なのだ。

だから、自分の位置を見失ったとき、口中に苦みを感じる原始的なパニックに陥ってしまうのは当然のことだ。もっとも初歩的な恐怖の多く、たとえば、最愛の人から切り離されたり、家から引き離されたり、暗闇に取り残されたりした状態は、道に迷った恐怖のバリエーションだ。おとぎ話でいうなら、美しい乙女が不気味な森で道に迷い、恐ろしげなトロール妖精や頭巾をかぶった老婆から声をかけられたときが、それにあたる。ジョン・ミルトンの『失楽園』では地獄までもがたびたび迷路として描かれている。見当識を失う原型的な恐怖といえば、ギリシャ神話のミノタウロスの物語だろう。ミノタウロスはクノッソス宮殿の曲がりくねった迷宮に棲む牛頭人身の怪物だ。オイディウスはこの迷路について、訪れる者を〝参考にできる地点がない〟状態に置き去りにし、〝不安を拡大するために造られた〟と書いている。

だから、見当識の喪失に対して私たちが抱く恐怖は非常に根が深いもので、一種の心身衰弱を引き起こしかねず、自己意識崩壊の危険性にもさらされる。

〝迷うことに慣れていない人が荒野で迷うと、強い恐慌に突き落とされる。目にも恐ろしいその感覚は、やがて理性の喪失を招く……。三、四日で発見されないと発狂する傾向が見られ、そんなときは、救出に来た人たちからも逃げ出してしまう。自分が野生動物であるかのように、追われて捕獲されるにちがいないと考えて〟

セオドア・ルーズベルトは一八八八年の著書『牧場生活と狩猟の小道』〔未邦訳〕にそう書いた。何もない北極の凍土帯(ツンドラ)をさまよううち、あるいは、深い密林を切り開きながら進んでいるうちに、道に迷うことはあるだろう。しかし、迷子の究極の競技場(アリーナ)は地下世界だ。地下空洞が寄せ集まってできた複雑な迷路で方向がわからなくなったときは、一種独特の混乱が待っている。

トム・ソーヤーとベッキー・サッチャーが三日間迷子になった〈マクドゥーガルの洞窟〉では、〝複雑に入り組んだ割れ目や裂け目を通りながら何昼夜も徘徊し、まったく終わりが見えてこない……下へ、下へ、また下へと地中を進んでいくが、どこも同じ――迷宮の下にまた迷宮で、誰も出口にたどり着けないこともある〟と、マーク・トウェインは書いている。

地上世界を進むときには大いに頼りになる私たちの海馬が、地下の暗闇へ一歩踏み出した瞬間から、電波が届かなくなったラジオさながら、正常に機能しなくなる。星の導きからも、太陽と月の導きからも切り離される。地平線さえわからなくなる。引力がなかったら、上下の感覚すらおぼつかないだろう。地上で正しい方向を教えてくれる雲の形や植物の生育パターン、風の向きといったかすかな合図が消えてしまうからだ。地下では、自分の影に導いてもらうこともできない。

山に登ったり海に漕ぎ出したりすれば、慣れ親しんだ土地から遠ざかる。どこまで来たか後ろを振り返り、前方に何があるのか目を凝らす。洞窟の窮屈な通路やカタコンブの囲われた密閉空間では視界が狭くなり、次のカーブや曲がった先が見えない。洞窟歴史家のウィリアム・ホワイトが気づいたように、洞窟全体を一望することは不可能なのだ。一度にほんのわずかな一部しか見ることができない。風景の中を航行するとき、私たちは周囲の状況をテキストとして読み、〝大地自身の言葉〟を仔細（しさい）に検（あらた）めている、と作家のレベッカ・ソルニットは『野外迷子図鑑』〔未邦訳〕に書いている。地下は空白のページ、つまり、解読できない言語で走り書きされたページなのだ。

しかし、誰にも判読できないというわけではない。地下で生きるある種の生物は驚くほど環境に適応し、しっかり暗闇を進むことができる。コウモリが音波探知器官と反響定位（エコーロケーション）によって洞窟の暗闇を飛び回ることはよく知られているが、巧みに地下を進む王者はメクラデバネズミかもしれない。

ピンク色の体、しわしわの皮膚、出っ歯の持ち主で、昼間は広大な迷路のような地下の巣で過ごしている。九十歳の人の親指に牙がついた姿を思い描くといい。暗い通路を進むため、定期的に頭で地面を叩き、返ってくる振動のパターンで周囲の空間を識別する。このネズミの脳にはちっぽけな鉄鉱床、すなわち内蔵されたコンパスがあり、それで地球の磁場を探知している。自然淘汰の結果、地上に暮らす私たちにはこのような適応技術は備わっていない。私たちにとって、地下への一歩は常に航法の喪失への一歩であり、誤った方向への一歩、いやそれどころか方向なき世界への一歩となる。

カタコンブを進みながら謝罪の言葉を小声でくり返していると、セレナとオーサにたしなめられた。パニックにエネルギーを使うのは無駄だと（正直に言うと、セレナは、あとで文句をつける余地はありますからねという目をしていた）。さしあたりの目標は明白だ。迷路を抜け出す唯一の方法は、入るとき通った壁の穴へ引き返すことだ。来た道を逆戻りするしかない。

道化師一座で過ごした何年かでチームの意思疎通という最高の技術を身につけていたセレナとオーサは、的確かつ民主的な計画を練り上げた。岩の明らかに異質な箇所や、記憶に残っている落書き、目につきやすい泥の中の足跡を探しながら、系統立ててトンネルを戻っていく。岐路に出るたび、可能性がある道筋をひとつひとつ点検する。まったく見覚えがないと確信したら引き返し、次の分かれ道を点検する。見覚えがあると三人の意見が一致した場合にかぎり、そのトンネルをたどっていく。

神経に負荷のかかる厄介なプロセスだった。どの通路も他の通路と似ているし、どこも石だらけで、いずれも曲がりくねっている。岐路に記された落書きの多くは、過去の訪問者が入口へ戻る経路をたどるための目印として描いた、矢印や星形や幾何学図形だ。青い三角形や赤い丸が出口へ導いてくれるかもしれないと考え、一本の糸を選り分けてたどる努力もした。しかし、すぐにあきらめた。すべての目印が溶け合って、収拾がつかなくなってしまうのだ。民話の森へ迷い込み、木々の間を縫う何本もの小道のそれぞれにパンくずが点々と置かれているのを発見したようなものだ。

あるトンネルで、隣の通路から地下愛好家（カタフィル）が使うカーバイドランプ〔長時間強い光を発するアセチレンを燃焼させるランプ〕のシューッという小さな音が聞こえた気がしたが、こちらの呼びかけに応える人はいなかった。別の角を回ったとき、石の螺旋階段が暗闇のなか上へ続いていた。セレナと私で上っていくと、地上の通りに出るマンホールの蓋の真下にいることがわかった。肩で押して開けようとしたが、力が足りないのか厳重にふさがれているのか、びくともしない。地上のすぐ下なのだから、携帯電話で助けを呼べるのではないかという考えも浮かんだが、すぐに全員の電話の電池が切れていることがわかった。それでも、オーサが明るい気分を保つよう最大限努力してくれた。七、八回通ったのがわかっている交差点へ戻ったとき、オーサは足を止めて「ちょっとあなたたち！」と言い、セレナと私が振り向くと、大きく目を見開いて、「私たち、ここへ来たことがある」と芝居がかったささやき声で言った。

三人とも表面上は平静を保っていたが、何時間かを経てもなお埒があかない状況で不安な計算をしはじめた。ヘッドランプの電池を節約しようと、一人が道を照らして、あとの二人はスイッチを切った。休憩中も、ボトルの水の残量を見定め、飲むのは少量にとどめた。この先何時間ここに閉じ込められているかわからないので、パンは食べないことにした。トンネルを進み道筋がわからなくなって最初からやり直す必要が生じるたび、ある狭い小空間へ引き返した。そこにはカタフィルが作った彫刻があった。石膏でできた男の像で、岩の中に捕らえられたかのように石灰石の壁から上半身だけを突き出していた。

■

どんな風景の中でも、自分の見当識が失われたとき人は地図に頼る。地図は私たちを空間につなぎ止め、コースから外れないようにしてくれる。ところが地下世界ではそうはいかない。地下地図の作製はずっと、他に類を見ない困難な試みでありつづけた。地上の風景がすべて地図化され、遠く離れた群島や山脈にまで緯度と経度の十字線が投影されてから長い年月が経った今でも、私たちの真下の空間はとらえどころがないままなのだ。

初めて洞窟地図が描かれたのは一六六五年、ドイツの深い森に覆われたハルツ地方に位置する〈バウマンの洞窟〉だった。フォン・アルフェンスレーベンとされる地図作製者は、その稚拙な線描からみて専門家ではなく、有能でさえなかったと思われるが、それにしても、この地図には著しい欠陥があった。遠近感や奥行きをはじめ、およそあらゆる寸法を伝えることに失敗している。この空間が地下であることすら明示できていない。空間を感覚的にとらえる準備もできないまま、フォン・アルフェンスレーベンはそこを地図化しようとしていたのだ。文字どおり、彼の認知能力を超えた空間を。幽霊の肖像画を描こうとしたり、網で雲を捕まえようとしたりするのと同じで、認識論的な愚行と言ってもいい。

〈バウマンの洞窟〉の地図は、地下の地図を作製しようとする人々が舐めてきた辛酸の歳月の端緒となるものだった。何世代ものあいだ、ヨーロッパじゅうの探検家が地下世界を計測し、暗闇でも自分の位置を確かめられる

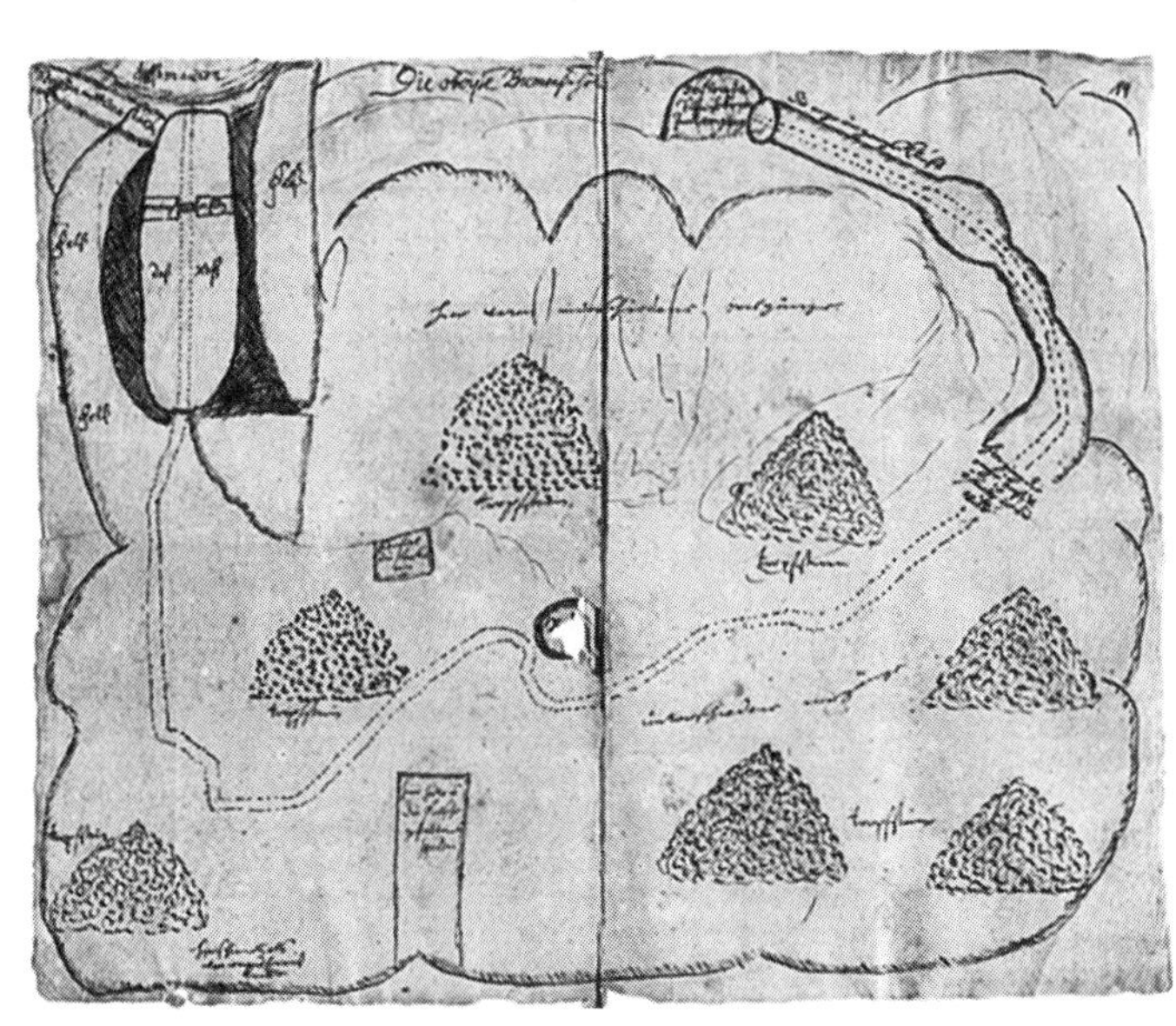

よう洞窟を測定してきたが、その努力はことごとく失敗に終わった。彼らはほころびたロープで地下深部へ下りて何時間も歩き回り、巨岩をよじ登り、地下河川を泳いだ。周囲を一メートル足らずしか照らせない、蝋燭の弱々しい光の輪を頼りに。十七世紀のある探検家はイングランドの洞窟へ下りていった。そこである部屋の寸法を測ろうとしたが、そもそも空間の境界すら見えない始末だった。〝蝋燭の光では天井も床も左右もまともに識別できなかった〟と、彼は書いている。

洞窟の暗闇を照らそうと二羽のガンの足に蝋燭を結びつけ、彼らを羽ばたかせるために小石を投げつけたオーストリアの探検家ヨーゼフ・ナーゲルをはじめ、測量技師たちはたびたび愚かな方法に訴えた（ガンたちがよろけて地面にひっくり返ったためあえなく失敗）。

なんとか計測できたと思ったときも、環境の急変で空間認知が大きくゆがめられるためか、調査結果はきわめて不正確だった。たとえば、スロベニアで一六七

二年に行われた探検では、ある人物が曲がりくねった洞窟の道を詳細に調べてきて、長さを一〇キロメートル弱としたが、実際は四〇〇メートルしか進んでいなかった。

こうした初期の探検の調査結果とそれにもとづいて描かれた地図は事実と一致しないことが多く、洞窟とわからないような地図もあった。今日の私たちは、想像上の場所について書かれた謎めく小さな詩（ポエム）としてそれらの地図を読むしかない。

初期の洞窟地図の作製者でもっとも名高いのは、十九世紀から二十世紀にかけて活動し、〝洞窟学の父〟と呼ばれたエドゥアール・アルフレッド・マルテルというフランス人だ。五十年以上にわたり活動し、世界十五カ国で約千五百の探検を率い、そのうちの何百かは人跡未踏の洞窟だった。職業は弁護士で、最初の数年はワイシャツ一枚に山高帽という格好で地中へ懸垂下降していたが、やがて特殊な洞窟探検道具一式を設計した。〈アリゲーター〉と名づけた折り畳み式のキャンバス製ボートや、地上の運搬人と連絡を取る大きな野外電話機など、地下調査のために数々の道具を考案した。たとえば、洞窟の床から天井までの距離を測定できる仕掛けも発明した。長いひもをつけた紙風船にアルコールに浸したスポンジを取り付け、そこにマッチで火を点けて、天井まで上昇させるというものだ。

マルテルが描いた地図は先人たちの地図に比べれば正確だったかもしれないが、当時の地上探検家がまとめた地上の地図に比べれば、スケッチの域を出なかった。マルテルが称えられたのは、洞窟を断面化する革新的な地図作製法を考案した点で、のちに洞窟地図化の標準的手法となった。

それでも私には、その地図でさえ地下環境のとらえにくさを示す別の証にしか思えない――地下地図の一枚一枚が、地図化に失敗した歴史の軌跡であるかのように。地下空間を完全に理解するには、関節を外した骸骨の骨のように、ひとつひとつの要素を分解して並べてみるしかないことを失敗の歴史は教えてくれる。

地下世界で自分の位置を見定めようと何年も努力してきたマルテルと仲間たちは、いわば〝迷子状態〟の使徒だった。彼らくらい方向感覚の喪失体験が豊富な人間はいなかった。何時間も暗闇をさまよい、いっこうに収まらないめまいに悩まされながら、自分の位置を客観的に認識しようとしては失敗した。進化の道筋で、私たちの脳は方向感覚の喪失を避けるよう配線されてきた。だから迷子になると、もっとも原始的な恐怖受容体が作動するのだ。彼らはさぞかし強烈な不安を経験したことだろう。〝目にも恐ろしい恐慌〟とセオドア・ルーズベルトが表現したように。それでも、彼

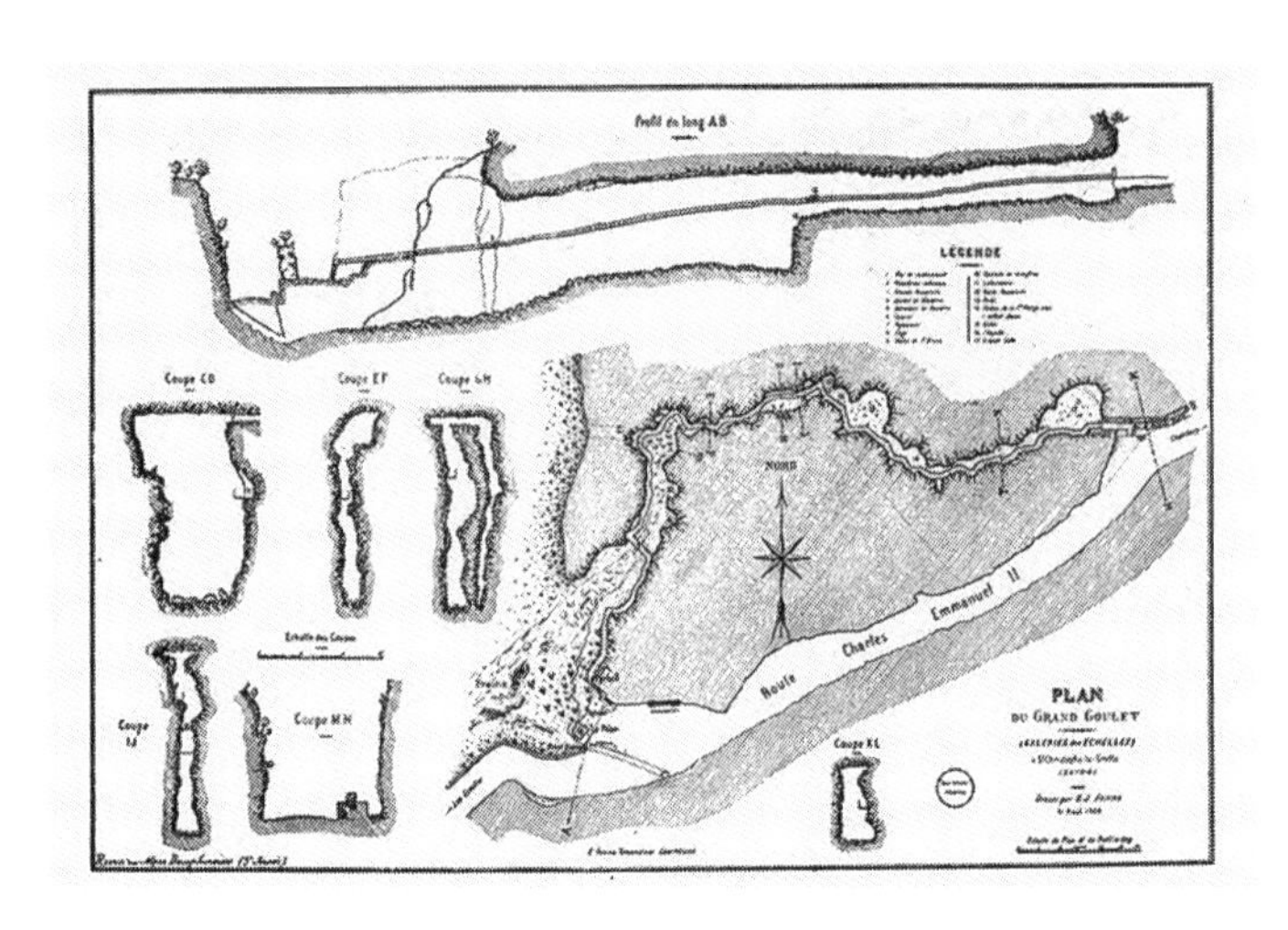

らはくり返し地下へ下りた。人跡未踏の場所、地下の精霊を恐れて地元民が岩の端からのぞき込もうとさえしなかった未知の空洞へ。暗闇で迷うこと、それ自体からある種の力を引き出していたかのように。

一八八九年、マルテルはフランス南西部の〈パディラック洞窟〉という巨大洞窟の探検キャンペーンに乗りだした。七月の午後、彼と探検隊はロープで体を固定し、壁の頂に茂る柔らかな緑色植物のそばにあった深い裂け目の中へ入り、六〇メートルほどゆっくり下りていった。岩底に着くと、空気はひんやりと湿っていて、石は苔に覆われ、地下河川が壁の割れ目へ消えていた。蝋燭に火をともし、〈アリゲーター〉に乗ってオールでゆっくり闇へ漕ぎ出した。高い天井の下を少しずつ進み、頭を引っ込めて波打つカーテンのような鍾乳石を回り込む。マルテルによれば、暗闇の中、周囲に滴り落ちる水が〝地上世界の調べよりもさらに甘美で調和の取れた、耳に心地よい音楽〟を奏でていたそうだ。川の支流をひとつまたひとつとたどり、やがて、自分たちの通暁している世界から完全に切り離された心地がした。二十三時間、既知の世界から隔絶されていた。

〝あらがえないまま、未知なるものに引っ張られていく！〟と、マルテルはその探検について書いている。〝私たち以前にこの深さまで来た人はいない。私たちが行く場所、私たちが目にするものを知る人はいない。こんな不思議なくらい美しいものをかつて突きつけられた人はいないのだ。自然と、私たちは同じ質問をぶつけ合う——夢を見ているのではないか？〟マルテルの言葉の中に、不思議な恍惚状態へ引き上げられた男の声が聞こえる。蝋燭の炎を頭上に掲げて〈パディラック洞窟〉

の深い襞を手探りしながら進んでいくその姿を思い浮かべると、マッシュルーム農場のトンネルをさまよいながら暗闇の中でジャンリュック・ジョシュアベルジュが歌っていたのと同じ歌を、彼が口ずさんでいるのが聞こえてきそうな気がした。

昔からずっと、道に迷うことは謎に満ちた多面的な状態で、そこには予期せぬ可能性が秘められていた。歴史上、さまざまな芸術家や哲学者、また科学者が、方向感覚の喪失を発見と創造のエンジンとして称えている。物理的な経路から外れるだけでなく、なじみの世界から逸れて未知の世界へ入り込む、という意味で。

ドイツの哲学者ヴァルター・ベンヤミンは、〝都市で道に迷っても大事には至らない。しかし、森で道に迷ったときと、都市で道に迷ったときでは、まったく別の訓練が必要になる〟と書いた。偉大な芸術を創り出すためには方向感覚の喪失を受け入れ、確実なものから目を背ける必要がある、とジョン・キーツは言った。彼はこれを〝消極的能力〟と呼んでいる。〝人間は性急に事実と理由を追い求めず、不確かさ、不可解さ、迷いの中にとどまることが可能〟ということだ。ソローも迷子の状態を、自分が世界にどのような位置を占めているのか理解するための扉、と表現している。〝完全に迷うまで、自然の広大さと奇異さを理解することはできない……迷って、つまり世界を見失って初めて自分自身を見いだしはじめ、自分がどこにいるかを知り、無限に広がる私たちと世界の関係を悟るのだ〟と。いっぽう、レベッカ・ソルニットにとって迷うことは、自分の周囲を〝味わう〟

究極の方法だった。〝人は道に迷うのではなく、みずから迷うのだ。意識的な選択であり、選ばれた降伏であり、地理が可能にするひとつの心的状態なのだ〟と、彼女は書いている。

神経学的には、どれもうなずける話だ。なにしろ、道に迷ったとき、私たちの脳は最大限に開かれ最大限の情報を吸収しようとする。方向感覚を失ったとき、海馬の神経細胞(ニューロン)は環境中の音や匂いや光景をすべて吸い上げ、方向感覚を取り戻す役に立ちそうなあらゆる情報を急いでつかみ取ろうとする。不安を覚えると同時に、想像力が並外れて活発になり、周囲の環境に敏感に反応する。森で曲がるところを間違え、道がわからなくなったとき、私たちの頭は小枝の折れる音や木の葉がこすれる音のひとつひとつを、気の荒いクロクマやイボイノシシの群れや逃走中の囚人が近づいているしるしではないかと用心する。暗い夜には光を求めて瞳孔が開くように、私たちは道に迷ったとき、世界に大きく感受性を開く。

かつてナポリの街の地下を探検していたとき、私は短い時間ながら桁外れの迷子状態を経験した。秋の朝、旧市街の近くで、ルカとダニという都市探検家の兄弟の案内で古いバシリカ式教会の地下へ入ると、床にひとつ大きな穴があった。ロープで体を固定して長い梯子を下り、そのあと古代ギリシャの貯水槽へ懸垂下降で向かった。地下三〇メートル近い、大きなボトル形の空洞だ。ルカとダニによれば、この貯水槽は紀元前八世紀からナポリの地下に広げられてきた空洞迷路の、ひとつのこぶにすぎないという。そのネットワークは地下霊安室(クリプト)と地下納骨堂(カタコンベ)、墓、貯水槽が絡み合ってできている。非常に広大な迷宮めいた場所で、その限界をきちんと把握している人間はいない。

午前が午後に変わる頃、私たちはひとつの貯水槽から次の貯水槽へと這い進み、曲がりくねった細いトンネルをたどって迷路のさらに奥へ向かった。どの空洞も他の空洞に似ていて、ボルヘスの物語に似た三次元の鏡の間を通り抜けている心地がしてきた。貯水槽には、幾多の経路に枝分かれしているものもあり、その経路がまた枝分かれして、大雑把な放射パターンを描いている。

やがてトンネル網の未知の領域へ突入し、ルカとダニもまだ見たことがないいくつかの部屋へ下りた。ひとつ見つかるたびに彼らは暗闇で歓声を上げた。まるで、水平線上に、地図にない島々を発見した遠洋の船乗りたちのように。

その後ある地点で、私は気がつくと、暗闇に一人ぼっちになっていた。過去から未来へいきなり時間跳躍

してしまったかのようだった。三人で貯水槽にいたはずが、写真を撮る準備に取りかかり、振り返ってあたりを見まわしたときには、ルカとダニの姿がなかった。彼らがたどったと思われる通路を這い進んでみたが、たどり着いたのは誰もいない部屋だった。カラビナ〔ロープとハーネスをつなぐ金属性のリング〕が腰に当たるチャリンという金属音しか聞こえなくなり、ヘッドランプが照らす円錐形の光の向こうは何ひとつ見えなくなった。大声で彼らに呼びかけたが返事はなく、私の声は曲がりくねった通路へ吸い込まれて消えた。

長い時間、離れ離れになっていたわけではない――せいぜい二、三分のことだ。しかし、そんな短い時間とはいえ、自分がどこまで来たか見当がつかず、前にいた地点とのつながりがさっぱりわからないという完全な抜錨状態を経験した。世界から切り離され、足が地面を離れて空中を落下していく心地がした。私が感じたのはかならずしもパニックではなく、焼けつくような鋭敏さだった。チクチクする感じで感覚が目覚め、現在に没頭し、それまで五感をすり抜けていたわずかな匂いや音や空気の揺らぎにも敏感になる、アンフェタミンを摂取したような覚醒感だった。皮膚の感覚までが鋭くなり、毛穴から世界を吸収しているかのようだった。

〝道に迷うのは、自分の進むべき道を発見する、あるいは別の道を見つけるきっかけ〟とソルニットは書いた。進路からはぐれ、神経が全方位に開いたとき、人と世界とのつながりは強靭になる。目の前の現実を新たに解釈する他なくなった際には、心の奥に植え付けられた確固たる信条や主義ですらほころびかねない。宗教文学において、啓示が炸裂し霊的な目覚めや神秘的な覚醒を経験するのは、道に迷ったときだ。旧約聖書の預言者たちは神を見つける直前、砂漠で道に迷っている。ゴータマ・シッダールタは六年にわたる苦行で生死をさまよったあと仏陀(ブッダ)〔目覚めた人の意〕となった。ダンテの『神曲 地獄篇』では、道に迷ったという宣言から魂の探究が始まる。〝人生という旅路の半ば、ふと気がつくと私は暗い森の中で道に迷っていた〟とあるように。小説家のジム・ハリソンはかつて詩人のゲーリー・スナイダーに、「道に迷ったとき、自分自身の性質を含めた何もかもに突然、疑いが差し挟まれる。それほど劇的なのだ……道に迷うのは、禅で言う接心(せっしん)〔散り散りに乱れた心をひとつに集めること〕のごとく、長時間座したあと銅鑼(どら)が鳴って立ち上がった瞬間にまったく世界がちがって見えることに似ていると、たびたび私は考えてきた」と語った。それに対しスナイダーは、「まあ、啓示のようなものだね」と返している。

一九九〇年代の終わり頃、方向感覚の喪失から生まれる力を神経科学者のチームが追跡し、脳の状態を物理的に捕捉した。ペンシルベニア大学の研究室で仏教僧とフランシスコ修道会の修道女を被験者に、瞑想とお祈りをしている際の脳を走査した彼らは、たちまちひとつのパターンに気がついた。お祈り中は脳の前方に近い〝後方上頭頂小葉〟という小さな領域に活動の低下があった。この特別な葉(ローブ)は、認知ナビゲーションの過程で海馬と密接に連動していることがわかった。研究者たちによれば、基本的に、霊的交感をしている脳は空間認知が鈍化するという。

となれば、人類学者が世界の宗教儀式に共通した、一種の〝迷子状態〟へ人を導く儀式を追跡調査してきたのも当然のことだろう。イギリスの学者ビクター・ターナーは、通過儀礼の聖なる儀式にはたいてい三つの段階があることを指摘している。分離期（加入者がそれまでの社会的地位を捨て社会を離れる）、過渡期（加入者がひとつの地位から次の地位へ移行する過渡的な時期）、そして統合期（加入者が新たな地位を得て再度社会に取り込まれる）の三段階だ。

方向転換は中間の第二段階で起こり、それをターナーは〝境界〟を意味するラテン語「limin」から〝リミナリティの段階〟と呼んだ。リミナリティは、ふたつの位相間の過渡的な状況を意味する。リミナル（境界的）な状態では、〝社会構造自体が未分化で一時的に停滞している〟。つまり、私たちは曖昧なはかない状態の中を漂い、そこではひとつの何者かでも、他の何者かでもない。かつての社会にはもはや所属しておらず、まだ目の前の社会に再度取り込まれてもいない状態だ。リミナリティへ誘う究極の触媒は方向感覚の喪失だと、ターナーは書いている。

迷子状態を体験する儀式は世界じゅうの文化に数多く見られるが、なかでもとりわけ心を打つのは、カリフォルニア州のアメリカ先住民ピットリバー族のそれだ。ここではときおり部族民が〝放浪の旅に出る〟。人類学者のハイメ・デ・アングロによれば、〝この〈放浪者〉は男女にかかわらず、野営地や村を避けて荒野や人里離れた場所、山の頂、峡谷の谷底にとどまる〟という。方向感覚の喪失に身をゆだねる行為のなかで、〈放浪者〉は〝影を失った〟と、ピットリバー族の人々は表現する。放浪の旅は文字どおり行くあてもない試みで、取り返しのつかない絶望に終わるかもしれず、頭がおかしくなる可能性さえあるが、もし〈放浪者〉が聖なる呼び声とともに迷子状態を抜け出したら、偉大な力を得て、超自然的な存在と交霊できるシャーマンとして部族に戻ってくるかもしれないのだ。

儀式的な迷子状態でもっともなじみのある媒体、つまりもっとも基本的な方向感覚の喪失を体験させてくれるものは、迷路や迷宮だ。ウェールズの丘陵からロシア東部の島々、インド南部の野原に至るまで、世界の隅々に迷宮構造は見られる。迷宮は一種のリミナリティ・システムで、方向感覚の喪失を高濃度で体験できるようお膳立てをするためのものだ。曲がりくねった石の通路に入り、限られた経路に焦点を向けるとき、私たちは外の地理から離れ、あらゆる基準点が剝離した一種の空間催眠へと滑り込む。この状態で私たちは変質を経験し、社会的地位、人生の段階、あるいは精神状態の間を行き来する。

たとえばアフガニスタンでは、迷宮が結婚式に中心的な役割を果たし、結婚する二人は曲がりくねった石の通路をたどる行為で結合を固める。いっぽう東南アジアの迷宮構造は瞑想の道具として用いられ、人は小道を逍遥することで思索を深める。クレタ島でミノタウロスを退治したテーセウスの原型的な物語は、つまり変身物語だ。テーセウスは少年として迷宮に入って怪物を倒し、王女アリアドネから渡された糸玉の糸を伝って、大人の男、英雄として迷宮を脱出する。

今日ほとんどの迷宮は二次元的で、その通路は低く積み上げられた石や床に張られたモザイク模様に縁取られている。しかし、迷宮の系譜をはるかな過去へとたどり、初期形態を調べていくと、壁の高さは少しずつ上がってきて、通路はもっと暗くなり、より没入的になる。実際、ごくごく初期の迷宮は、ほとんどが地下構造物だった。ヘロドトスによれば、古代エジプト人は広大な地下迷宮を建造し、イタリア北部のエトルリア人も同じことをした。インカ文明以前に栄えたチャビン文化はペルー・アンデス山脈の高地に壮大な地下迷宮を建設し、暗い曲がりくねったトンネルで神聖な儀式を行った。古代マヤ文明も、ユカタン半島オスキントクの都市にあった暗い迷宮で同じことをした。いっぽう、アリゾナのソノラ砂漠では、トホノ・オオダム族〔砂漠の民〕が迷宮の中心に住むイイトイ（迷路の男）という神様を長く崇拝してきた。イイトイは、この部族の伝統的な籠（かご）などに意匠としてよく編み込まれているが、このイイトイが棲む迷宮の入口は洞窟の入口なのだ。

一九九八年にシチリア島北西部で行われた考古学研究によれば、世界で初めて描かれた迷宮は、洞窟の暗帯（ダークゾーン）深くで発見された五千年前の絵だという。考古学者たちは、洞窟の絵の下のぬかるんだ床にはにかつ

て迷宮が設置され、古代の通過儀礼で儀式に用いられていたのではないか、という仮説を立てた。なるほど、説得力のある説だ。しかし私はさらに、ひょっとしたら洞窟そのものが迷宮だったのではないかと考えたい。その絵は別の構造に言及していたのではなく、洞窟に入る感覚、暗闇で自分を見失って石の通路を漂っていく感覚を図示していたのではないか。

ジャンリュック・ジョシュアベルジュがウイスキーと睡眠薬を持ってマッシュルーム農場のトンネルに足を踏み入れたとき、彼は自殺するつもりだった。「意気消沈して、とても暗い考えを抱いていた」と当人がのちに話している。しかし、迷路から出てきたあと、彼は人生の足がかりをふたたび得たことに気づいた。家族のところへ戻ると、自分が前より楽しくくつろいでいるように感じられ、夜間学校に通いはじめて別の学位を取り、前よりいい仕事を見つけた。この変化について問われたとき、彼は記者たちにこう言った。暗闇にいるうちに〝生存本能〟のスイッチが入り、生きる意欲を新たにしたと。人生を変える必要に迫られたもっとも落ち込んだときに、彼は暗闇に入って方向感覚を喪失する経験に身をゆだね、生まれ変わって戻ってくる準備を整えたのだ。

■

最終的にセレナとオーサと私を救ったもの、すなわち私たちのアリアドネの糸は、冬の空気だった。パリのカタコンブは一年じゅう一四度くらいに保たれていて、あの十二月の夜は地表の気温より一〇度くらい暖かかった。見覚えのある目印や方向を示す地点がないか、トンネルの中を探し回っていたとき、私たちはふと、思いがけず冷気のかすかな揺らぎを感じた。風は私たちの皮膚にそっと息を吹きかけたあと、一瞬薄れてからまた戻ってきて、また薄れた。私たちは落ち着いて状況をつなぎ合わせ、この空気は出口の穴から吹き込んでいるものと結論した。この冷気をたどっていこう。トンネルを這い進んで空気が暖かく感じはじめたら、間違った方向に向かっているということだ。これが何ヵ月かあと、つまり地上と地下の気温差があまりない、おだやかな春の夜だったら、最後まで出口は見つからなかったかもしれない。

出口のギザギザの穴が見えた。私たち三人はトンネルを脱し、冷たい空気を胸いっぱいに吸い込んだ。時刻は午前四時を回っていた。八時間、迷子になっていたということだ。穴をよじ登るようにして街路へ出ると、誰もいない大通りで笑い声と歓声を上げた。地下鉄駅は閉まっていたため、セレナのアパルトマンへ戻るためにタクシーをつかまえる。後部座席に座ったずぶ濡れで泥だらけの私たちを運転手がルームミラーでまじまじと見つめていた。

セレナの小さなワンルームで毛布の上に腰を下ろし、天窓から斜めに差し込む淡い光の下で生還に乾杯した。夜明けが部屋に浸透してくるなか、私たちは暗闇で迷子になるという珍しい体験について語り合った。この夜の出来事を思い返し、さまざまな瞬間にどんなことが自分の頭をよぎったかを伝え合った。それぞれがときおり忍び寄る不安に苛まれ、恐怖を感じていたと打ち明けた。しかし、その下のもっと不明瞭な心の帯域では、全員がいっとき自我の外側へ連れ出され、透きとおった平穏な瞬間を見つけてもいたのだった。

神聖なものはすべて、
自分の場所を確保しなければならない。
自分の場所にいることが
彼らを神聖にすると言っても
過言でない。

クロード・レヴィ＝ストロース『野生の思考』

第7章

ピレネー山脈の野牛像（バイソン）

——旧石器時代のルネサンス

ニューヨークの地下探検を始めた頃、地下鉄に乗っては目を皿のようにして窓の外を見つめ、廃棄された駅へ続く通路がないか探していた。あるとき、トンネルの壁に謎めいたメッセージがちらっと見えた。白か黄色に塗られた一五〇×三〇〇センチくらいの四角いパネルが、黒いレタリング文字に覆われていた。駅と駅の間の煤に覆われた無人地帯だ。いったんそれに気づくと、こんどはいたるところにパネルが見えてくるようになった。

それが現れるのは、かならずトンネルの暗い部分だった。ブルックリンの閑静な地区やマンハッタンのミッドタウン地区のにぎやかな街路の下を列車が進むうち、それらは窓枠の外を一瞬で通りすぎていった。だから、いつもほんの二、三字しか判別できなかったが、それでも私の心をとらえた。都市の無意識の中で揺らめくサブリミナルメッセージだ。

その後わかったところでは、このパネルはREVSと呼ばれる落書き(グラフィティ)ライターによる謎のアート・

プロジェクトだった。どの一枚も、ニューヨークの地下通路にばらまかれた六年にわたる日記の〝一ページ〟だった。全部で二三五枚。ニューヨークの地下鉄のおよそ二駅に一枚、飾られている計算だ。REVSは夜遅い時間に安全帽と蛍光ベストを着用して、ニューヨーク州と市交通局（MTA）の従業員を装い、街路の非常口ハッチから地下へ下りる。暗闇の中、ペンキ用のローラーを使ってバケツに入ったペンキでトンネルの壁に白や黄色の大きな長方形を描き、缶に入った黒いスプレー塗料でひとまとまりの文章を書く。子どもの頃のエピソードや、短い哲学的随想だ。

　REVSがニューヨーク・グラフィティ界の著名人であることを、私は知った。決して捕まることなく都市の顔に可能なかぎりペイントしてきた人物なのだ。実際、REVSくらいいたるところに痕跡を残した人間はいなかった。一九八〇年代の前半、彼はこの街に何万回とグラフィティを描いた。電話ボックスや新聞の自動販売機、郵便ポストの側面に、スプレー塗料とマーカーで自分のしるしを残している。煉瓦の建物正面に広告掲示板大の壁画を描いた。建物の側面にボルトとネジでキャンバスを留めた。署名代わりに金属製の彫像を道路標識や鉄柵に溶接までした。REVSがもっとも多作だった一九八〇年代の終わりから九〇年代の初めには、街区（ブロック）を問わず、ニューヨーカーが彼の名前を表す四文字を見ずに二、三歩以上進むのは難し

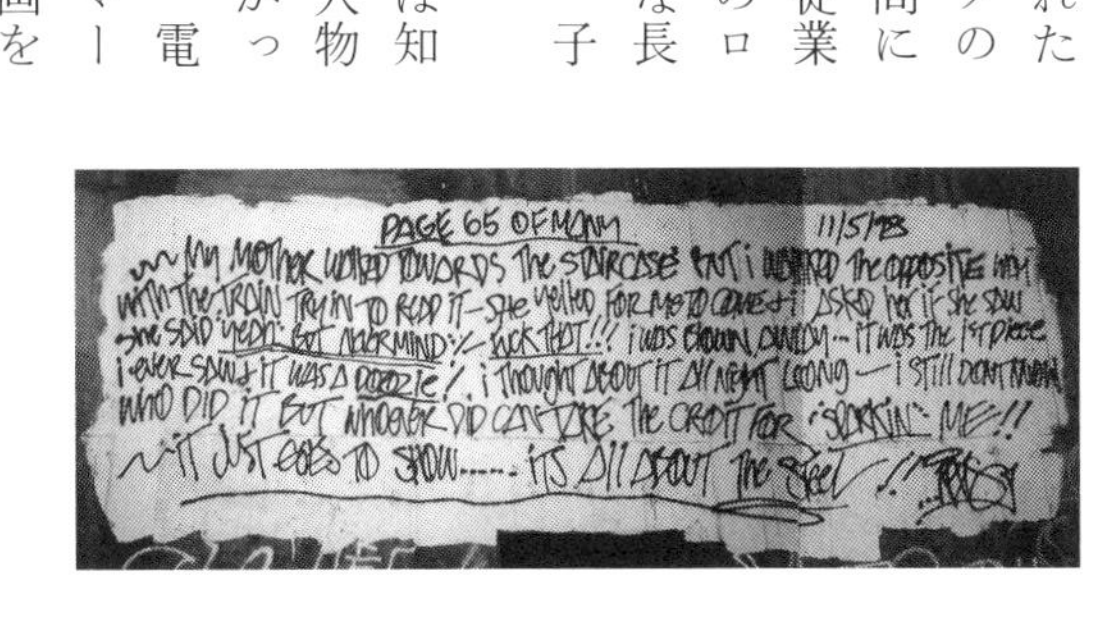

かったほどだ。まるで、この街の耳元に彼が静かな歌をささやきかけていたかのように。当時のルドルフ・ジュリアーニ市長がこの街からグラフィティを磨き落とすべく、〈落書き対策隊〉と呼ばれるMTAの交通警察隊に協力を求めた時点で、REVSは〈社会の敵ナンバー1〉になった。当局者は彼を〈大悪党（キングフィッシュ）〉と呼んだ。街で悪評が高まると、REVSは地下へ潜り、そこで暗闇に自分の伝記を書きはじめた。

ニューヨークのグラフィティについて書かれた歴史書に、ブルックリンの下を通る地下トンネルの壁に書かれた彼の日記最初期の画像が載っている。一九九五年三月五日と記されたページの物語は、彼の誕生から始まっていた。

> 親愛なる社会へ
>
> オレは一九六七年四月十七日、ニューヨーク市ブルックリン区ベイリッジのビクトリー・メモリアル病院で生まれた。父親の最初の結婚でできた腹違いの兄を別にすれば、オレは一人息子で、異母兄のショーンは前科者だった。文字どおりのろくでなしだ。仕事を紹介してチャンスをあたえようとした伯父のパティから、二一〇〇ドルを盗んだのだから。早くくたばっちまえ！！！　で、生まれたのは月曜日の午後三時だった……体重は四〇〇〇グラムで、母親は帝王切開するはめになった‼　望ましいことが簡単であったためしはない‼　つづく……

これの前には、〝初めに〟（1OF MANy）と記された序章があった。

一般大衆へ……これは何だと、いま諸君は自問しているかもしれない……これは、自分しか知らない方法で人生を送り、自分の物語を語っている悪ガキの話にすぎない。問題は、彼の物語が諸君の物語となんら変わらないことだ。しょせんオレたちは唯一全能の創造者、すなわち神というパズルの、ひとつのピースにすぎないのだから。

私は不思議に思った。地下鉄のトンネルの壁に書くことでしか自分の物語を語れないとは、どんな人物なのだろう？　REVSはどんな男なのか？

グラフィティ・ライターはみな秘密のベールに

包まれた暮らしを送るものと相場が決まっているが、調べるうちにREVSほど透明な人間はいないことを知った。若手のグラフィティ・ライターはREVSを崇拝していたが、誰も彼に会ったことがなかった。年配のグラフィティ・ライターは彼を知っていたが、もう何年も姿を見ていないという。そのいっぽうで、REVSと連絡を取っていた数少ないグラフィティ・ライターたちは、彼に連絡を取れないかと尋ねると、小ばかにしたように笑った。「無理だな」と、ESPOと呼ばれる男は言った。「REVSは誰とも話をしない」SMITHは言った。REVSのポートレートを(顔をぼかして)撮ったことがある写真家は、「彼がどこにいるか、以前は知っていたとしても今は知らないし、知っていたとしても教えない」と言った。何年ものあいだ、REVSのことが私の頭に浮かんでは消えていった。何カ月か忘れていることがあっても、地下鉄の窓を猛スピードで通りすぎていく日記のページがちらっと視界に入るたび、地下の暗闇の中でペイントしている謎の男の姿が脳裏に浮かび、その探索への執着を新たにするのだった。

私はニューヨークの街を縦横に探索し、ほんのわずかな痕跡でも追った。彼がかつて溶接スタジオを構えていたと教えられた通りを歩き、彼が昔住んでいたベイリッジをさまよい、彼が子どもの頃よく通ったというお菓子屋の主人に話を聞いた。橋の建設に携わっていたことがあるという情報を追って、複数の鉄鋼労働者組合に電話をかけた。REVSを十年近く追った〈落書き対策隊〉の隊長、スティーブ・モナにも助けを求めた。モナは力になってくれず、他の誰もが同じだった。REVSの作品を二十年追ってきた写真家は、追跡をあきらめるよう私に助言した。「頭がおかしくなるぞ。あの男は幽霊だ」ついに私は、REVSはずっと見えないところに隠れたまま出てこないという事実を受け入れ、断念した。暗闇で落書きをしている男に、カーテンの陰から出てきて自己紹介をしてほしいと期待するなんて愚かなことだ。そう自分に言い聞かせた。REVSのことを知る唯一の方法は、地下へ行って彼の日記を読むことだ。

ある暑苦しい夏の夜、ラッセルと私は、地下鉄のホームを列車が出発して最後の乗客が改札口から姿を消すのを待ってから、足早にホームの端へ向かい、〈線路への立入・横断禁止〉の看板をまたいで暗闇へ向かった。空気はよどんで重く、天井から水が滴り落ちるさざ波のような音がトンネル内に満ちていた。彼の痕跡はすぐに見つかった。暗闇に目が慣れてきた頃、急行の線路と各駅停車の線路を隔てる鉄の桁に〈R-E-V-S〉と縦書きで署名があった。桁の裏側に日記があり、そ

れを私たちは読んだ。鉄粉で薄汚れていて、何世紀もここに掛かっていたかのようだ。内容は、かつてREVSの近所にいたクリスとダニーという兄弟の話だ。よくいっしょにKISSを聴いたり、「サタデー・ナイト・ライブ」を観たりしたという。全体的にこれと言って特徴のない話ではあった。それでも、はるか頭上に街がある地下トンネルの暗闇の中だ。私たちは息を殺して読んだ。まるで古代ルーン文字で書かれた詩を発見したかのように。

彼の日記を読む旅は、なんの準備もなく場当たり的に始めることもあれば、計画して行うこともあった。一人で行くこともあれば、ラッセルと行くこともあり、REVSに関する私の話を聞き飽きて自分の目で確かめたくなった友人たちを連れていくこともあった。スティーブら都市探検家は地下トンネルを駆けることに一種の平穏を感じると言っていたが、私の経験では、ホームの端を足が離れた瞬間から次の駅のホームに無事立つまで、ずっと不安に苛まれた。トンネルがカーブしている箇所は本当におっかない。いきなり列車が回り込んでくるからだ。逃げ場がない狭い区間もぞっとする。そこにはグラフィティ・ライターたちが〝血と骨〟と呼ぶ紅白縞模様のパネルが付いていた。雨粒が激しく落ちる音と近づいてくる列車の金属的な音が聞き分けられず、雨の夜はびくびくした。トンネルの入口に向けられた監視カメラを見ると、いつも怖くなって、急いでホームへ引き返した（カメラがあるのは、つまり誰も注意を払っていないということだとスティーブは言ったが、どうしてもその説は信じられなかった）。感電事故の起きやすい第三軌条（送電軌条）もあったし、ネズミもいたし、線路作業員に見つかる危険もあった。乗客のいない黒と黄色の事業用車が突然角を曲がってくるかもしれないという不安が常にあった。それでも、地下鉄の駅と駅の間、トンネルのもっとも暗い部分を歩くたびにREVSの日記のページに遭遇し、彼の人物像についての明快な手がかりを探しながら熟読していると、毎回、畏敬の念を覚えずにいられなかった。

私はこの日記を大事にした。遭遇したページの文章を注意深く転記し、他の探検家が撮ったそのページの写真といっしょに保管した。たとえば、子どもの頃のREVSがベイリッジでやんちゃぶりを発揮していた話（〝スティックボール、ストゥープボール、ホイッフルボール、オフ・ザ・ウォール、フットボール、スカリー、キングズ、スケートボード、マンハント、屋根登り、非常階段登りと、日々これ戦いだった〟）。REVSがペイントで埋め尽くされた地下鉄車両を初めて見たときの話もあった。〝ぶっ飛んだ！——初めて見た作品だが、もう最高だった！　ひと晩じゅうあれのことを考えた——誰が書いたものか、今もわからないが、オレの心に火を点けたのはお手柄だ！〟

ニューヨーク移住者の例に漏れず、私もかつてのこの街への郷愁（ノスタルジア）、つまり、本や映画で読んだり観たりしたニューヨークへの郷愁を抱いてやってきたのだが、すぐにそれは消え失せてしまった。REVSの日記は私にとってそんな取り返せないニューヨークの遺物だった。過ぎ去りし時代の気骨に満ちた、パンクロックの長編詩だ。

しかし、この日記で何より私が魅せられ、かつ面食らったのは、REVSがグラフィティを残した場所だった。ブルックリンの地下を旅したある日、私は非常出口の窪みにかがみ込んでいた。顔は鉄粉で汚れ、汗で湿ったTシャツは首のところがべろんとゆるんでいた。そのとき、反対側の壁にページが見えた。REVSの名前が知られるようになった頃、彼の心の師だったENOという年上のグラフィティ・ライターについて書いた短い文字列だった。線路上に取り付けられたランプがコンクリートの壁に光の輪を投げかけている。列車の乗客に車窓からちらっと名前が見えるよう、他のグラフィティ・ライターたちの作品はその光の半径内にあった。しかし、そこにREVSの作品はなかった。光の端の一、二メートル先、ほとんど目に見えない暗闇の中に、彼のページはあった。見えないインクで十四行詩(ソネット)を彫り込む詩人、あるいは、亜音速の音調で交響曲を書く作曲家のように。自分のアート作品を残すのに、なぜ隠れた場所、他の人たちがほとんど見ることのできない、この街でいちばん暗い箇所を選ぶのだろう?

陽光降りそそぐ十一月の朝、フランス南西部のピレネー山脈へと続く、曲がりくねった細い道路を車で走りながら、私が考えていたのはREVSのことだった。ビスケー湾から地中海まで、フランスとスペインの国境にまたがるピレネー山脈には、いい意味で虫食い状の洞窟があった。十九世紀半ばから二十世紀の終わりにかけて考古学者たちは、ざっと五万年前から一万一千年前まで獲物を求め放浪した狩猟採集部族による古代の芸術作品が、この地域に隠されていることを突き止めた。最初の大きな発見があったのは、一八七九年、マルセリーノ・サンス・デ・サウトゥオラというスペインの貴族が八歳の娘マリアとカンタブリア州の彼の土地で、ある洞窟を探検したときのことだった。サウトゥオラが洞窟の床を引っかいていたとき、マリアが天井を見上げると、信じられないことに、そこには金色まじりの赤い野牛（バイソン）の群れが描かれていた。

その後の何年かで、西欧の石灰石の丘ではある話が定番になった。農民や羊飼い、あるいは地元の少年グループが石の斜面に口をあけた裂け目へやってきて、蝋燭を手に暗闇へ向かい、薄明かりの中で古代に描かれたマンモスやバイソン、原牛（オーロックス）、アイベックス〔ヤギの仲間〕、馬を目の当たりにして、目をぱちくりさせるというものだ。どの絵も唖然とするくらい生き生きと優雅に描かれていた。

ヨーロッパ全土に点在する三百五十の洞窟で発見されてきたこれら芸術作品は、何世代にもわたって考古学者と人類学者を戸惑わせてきた。二十世紀の初め、これは暇つぶしに描かれたものではないかと彼らは推論した。旧石器時代の人々は「芸術のための芸術を創り出していた」のだと。後続の研究者たちは、「狩猟の魔法を呼び覚ますために描かれたもの」、つまり、描き手は獲物を捕まえられるようにと絵を描いていたのではないかと考えた。今日ほとんどの考古学者は、これらの絵はなんらかの形で宗教儀式と結びついていたと考えている。しかし、最初からわからなかった未解決の謎が今も残されている。動物たちの絵は、かならず隠された場所、つまり洞窟の奥深くの到達しづらい片隅で描かれていたことだ。

私がピレネー山脈へ来たのは、世界でもっとも壮観な地下芸術作品〈粘土製バイソン像〉を訪ねるためだ。大きな洞窟の長く狭い通路を八〇〇メートルほど進んだ奥深く、近づきがたい部屋に、二体の彫像が置かれている。マドレーヌ文化の傑作とされ、一万四千年前に作られたものだ。〈テュク・ドドゥベール〉と呼ばれるこの洞窟は、アリエージュ県のモンテスキュー・アバンテスという小村の外にヴォルプ川が形成した洞窟系で、連なる三つの洞窟のうちのひとつだ。〈テュク〉は長年この地域に暮らしてきた貴族筋のベグエン家が所有する、ピュジョルという私有地に位置していた。現在、そこの城（シャトー）の主（ぬし）はロベール・ベグエン伯爵で、彼は洞窟の献身的な管理人でもある。

そもそも私がこの洞窟へ招かれたこと自体がちょっとした奇跡だった。〈テュク〉について私が連絡を取ったどの考古学者も例外なく、そこはヨーロッパ全土の装飾された大洞窟の中でもいちばん近づきがたいものだと言った。先史時代の至宝である〈ラスコー洞窟〉〈アルタミラ洞窟〉〈ショーヴェ洞窟〉は政府が管理運営していて、考古学者のために定期的に公開される。いっぽう、〈テュク〉は私有地にある。ベグエン家は自分の好きなときにだけ洞窟を公開する。多くても一年に一度、著名な考古学者か一家の友人しか招かれない。世界的に名高い先史芸術学者のなかにも、決して届くことのない〈テュク〉への招待状を生涯待ちつづけている人たちがいた。にもかかわらず、〈テュク〉で仕事をしたことがあるカリフォルニア大学バークレー校の考古学者メグ・コンキーからシャトー・ピュジョルの住所を教えてもらったおかげで、とりあえず、招待を熱望しているとベグエン伯爵に手紙を書き送ることができた。

初歩的なフランス語で、これまでにどんな探検をしてきたか説明し、REVSのこと、隠された芸術作品にまつわる自分の好奇心がどのように自分を伯爵一家の洞窟へと導いてきたかを説明した。すぐに返信がなくても驚きはしなかったし、もとより望み薄だったのだからと何週間か過ぎてもそのままにしていた。ところがある日、青天の霹靂(へきれき)で、私はベグエン伯爵からの電子メールを受け取った。十一月のとある日曜日の午後二時にピュジョルへ来られるなら〝例外的に〟洞窟をお見せしよう、と書かれていた。

車でピュジョルの門をいくつか通過すると、ようやく城が見えてきた。小塔付きの塔が高くそびえる、巨大な石の構築物だ。緑の牧草地が四方へなだらかに傾斜し、どこもかしこもファン・ゴッホ的な光に輝いていた。城から少し離れたところに素朴な石造りの建物があり、この家の書斎や小さな考古学研究所に加え、発見された遺物を展示する個人博物館が入っていた。

ベグエン伯爵が研究所から姿を見せ、明るい大きな笑い声とともに挨拶をしてくれた。七十六歳だが、年齢よりずっと若く見えた。長身痩軀、繊細さを感じさせる雰囲気、面長の顔、整った黒髪、威厳を感じさせるまっすぐな背すじ。非の打ちどころのないマナーの持ち主でありながら、少年のような、ひたむきな温かさがあった。肌の色のように、体に品格がしみついていた。私のフランス語はお子様レベルで、彼は英語を話さなかったが、どうにか意思の疎通を図ることはできてほっとした。

「洞窟の中は一二度だよ」彼は洞窟探検用の道具がぎっしり詰まった大きなロッカーを私に見せながら言った。私はブルーベリー色のつなぎの服を着込み、ゴム長靴を履いた。「とてもシックだ」と伯爵は、片目をつぶって見せた。

伯爵と並んで私を迎えてくれたのは、十代からベグエン家の洞窟で仕事をしてきたアンドレアス・

パストゥールという考古学者だった。少し上向きの鼻を持つ五十代半ばの男性で、厳格さと力強さと知性が感じられる。長らくブルドッグのように洞窟を守りつづけてきた彼は、私をここへ招いた伯爵の判断に同意しかねているようだった。洞窟の入口に向かって丘を下っていくとき、彼は私をわきへ引っ張った。「ここは公開されている洞窟ではない」彼は言った。「人が一回訪れるたび、彫刻は危険にさらされる。君がどんなことを本に書くにせよ、一般人の来訪は歓迎されていない点を明記してくれたまえ」

〈テュク〉は一九一二年、伯爵の父ルイ・ベグエンとその兄弟マックスとジャックによって発見された。十代だった三人は、ある日、外をぶらぶらしていてヴォルプ川の流れをたどってみたところ、洞窟の入口に行き着いた。バスタブのような形をした小舟に乗り、オールを漕いで洞窟に入っていった。そうして、最初に現れた一群の部屋をのぞいて回った。次の二年間、彼らは二、三カ月ごとに探検にくりだし、自転車用ヘッドライトを転用して作ったランプで道を照らしながら、少しずつ奥の部屋へと進んでいった。あるとき、マックスが積み上がった鍾乳石の山を取り除くと、新しい通路が見えた。兄弟は狭い通路を窮屈そうに、ひとつまたひとつと奥へ進んでいった。ついに、いちばん最後の部屋にたどり着いたとき、彼らはそこでバイソンを発見した。洞窟から戻った彼らは、当時の傑出した先史時代研究者アッベ・アンリ・ブレイユとエミール・カルタイヤックに連絡した。二人はその彫像を見るため、トゥールーズから大急ぎで駆けつけた。その日撮られた一枚の写真には、一家の書斎でくつろぐベグエン兄弟と、彼らの父、そして二人の先史時代研究者が写っている。

ベグエン一家の世界は今、このバイソンを中心に回っている。二〇一二年十月、発見百周年の日に、ベグエン伯爵は親類一同をピュジョルに集めて大祝賀会を開いた。一族の若い世代に、マドレーヌ人の槍の投げ方や石器の作り方、摩擦熱で火をおこす方法を教え、そのあと先祖が粘土の彫像を発見した物語を語って聞かせた。夜の祝宴に供されたフルコースのメインディッシュはベグエン家の信仰対象（トーテム）であるバイソンだ。

「何もかも一九一二年当時そのままです」ベグエン伯爵は〈テュク〉の入口手前にある苔むした岩の上に立ってヴォルプ川の流れを見つめながら言った。青いつなぎの服に白いヘルメットをかぶり、手には鉱山労働者用のランプを持っていた。自分の父親の名前がきれいにプレスされた革製の肩掛け鞄を片方の肩にかけ、古いサイレント映画の主人公さながらだった。

「舟まで同じものだ」と彼は言い、水面に浮かんでいるバスタブ形の小さな乗り物を指差した。彼の父とおじたちが使った舟の、完璧に近いレプリカだった。

全部で六人いた。伯爵と私とアンドレアス、それにアンドレアス率いる考古学チームの三人が加わった。ケルン大学の年配の考古学者で、先史時代の動物の骨を研究しているフーベルトと、フーベルトの教え子のジュリア、そしてネアンデルタール博物館〔ドイツ西部・デュッセルドルフ〕でアンドレアスとともに働いているイヴォンヌだ。考古学チームの三人は二週間前からピュジョルへ来ていて、ヴォルプ川沿いの〈アンレーヌ〉と呼ばれる別の洞窟から発掘された考古学的遺物を調べていた。三人とも〈テュク〉を訪れるのは初めてだ。私たちは二人ずつ舟に分乗し、オールを漕ぎながら入口の川を上流へ向かい、水面を揺れながら暗闇に包まれたあと、小さな砂利の浜辺で舟を下り、ランプを調節して洞窟を奥へ向かいはじめた。

〈テュク〉は上方へ曲がりくねりながら石灰石の丘の奥へと続いていた。ヴォルプ川の古代の水路をたどっていく格好だ。アメリカの詩人クレイトン・エシュルマンは、一九八二年にベグエン伯爵とともにここを訪ねたあと書いた「〈テュク・ドドゥベール〉訪問の心覚え」という詩の中で、この洞窟を〝洪水が形づくった骸骨〟と表現している。午後、バイソンの彫像をめざして歩いていくうち、ベグエン家が〝結婚式の間(ラ・サール・ヌプシャル)〟と呼ぶ部屋へ入った。丸天井の広い空間で、天井から大きな鍾乳石が何本もパイプオルガンのように垂れ下がっていた。

アンドレアスが一行に英語で話しかけた。この旅の共通語だ。彼は〈テュク〉のことを、人間の手に汚されていない洞窟と説明した。研究所や博物館のガラス陳列ケースへ遺物が移されるまでに発掘現場が損傷を受けてしまいがちな大方の考古学的遺跡とちがって、〈テュク〉は基本的に手つかずの状態だ。先史時代の訪問者たちのほぼあらゆる痕跡がそのまま残っている。「かならず私が通った足跡の上をたどること」アンドレアスは言った。「何があっても、決して壁には触れないように」

頭を引っ込め体を傾けながら鍾乳石をよけ、軟らかな粘土をそっと踏みしめて進む。一万四千年前、最後にこの洞窟へ入ったマドレーヌ人がたどった道に私たちはいた。一万七千年前から一万二千年前まで続いたマドレーヌ文化は、ヨーロッパ先史時代にひときわ光彩を放つ。これに先立つソリュートレ文化期（二万二千年前から一万七千年前）

とグラヴェット文化期（三万二千年前から二万二千年前）にも、それぞれに輝きを放った時期があった。彼らは優雅な石器を作り、尻を強調したヴィレンドルフの女神（ヴィーナス）のような、小さく持ち運び可能な美しい像を彫刻し、有名な〈ショーヴェ洞窟〉に息を呑むような動物たちの壁画を描いた。

　しかし、マドレーヌ人は名匠だった。旧石器時代のフィレンツェ・ルネサンスと言ってもいい。彼らが〈ラスコー〉と〈アルタミラ〉で描いたトナカイとバイソンはあまりに精妙で、とても古代の産物とは考えられず、初期の考古学者はでっち上げと断言したほどだ。

　彼らは鑿（のみ）を使って岩窟住居の奥に疾走する馬を浮き彫りし、今日の楽器に使われるのと同じ五音音階を採用した楽器を骨から作った。骨で作った針で衣類を縫い、貝殻を連ねた精巧な首飾りでわが身を装った。鹿角製の投槍器のような実用的な道具にまでバイソンの姿が刻まれ、繊細な装飾がほどこされた。

　鍾乳石のカーテンの下で私たちが体をかがめたとき、前を行くアンドレアスが静止の身ぶりを送ってきた。彼が軟らかな地面に懐中電灯を向けると、化石化した足跡が露わになった。足の指の一本一本、土踏まずのアーチのなだらかな曲線、カップ形の踵（かかと）が、見事に浮かび上がっていた。どれだけ長い時間に隔てられていようとも、私たちとマドレーヌ人は生理学的に同じ生き物なのだと改めて認識した、心打たれる瞬間だった。彼らも私たちと同じ肉体を持ち、同じ脳を持ち、同じ神経系を持ち、基本的にこの世界に同じ形で存在していたのだ。

〈テュク〉の奥へと進むにつれ、この旅がマドレーヌ人にとってどれほど危険だったかを痛感した。

傾斜のきつい断崖面を私たちはベグエン家が設置した鉄梯子で上ったが、彼らの時代に鉄梯子はなく、裸足で登っただろうし、むきだしの膝の跡と確認された模様から見て、ズボンも穿いていなかっただろう。

さらに進んだ先で、アンドレアスが、粘土についている大きな傷に光を向けた。ホラアナグマの爪跡だ。興味深い遭遇だったが、ホラアナグマは二万年以上前に絶滅している。しかし、マドレーヌ人はホラアナグマと同時代を生きた。泥の中にこの爪跡が刻まれているのを見たときにはゾッとしたにちがいない。

やがて私たちは、一九一二年にマックス・ベグエンが自然に崩落した鍾乳石を取り除き、洞窟のさらに奥へ向かう道を見つけた場所にたどり着いた。

ベグエン家が猫穴(シャティエール)と呼ぶこの場所で、洞窟はベルトで絞り込まれたかのように突然細くなり、腹這いで進むしかくぐり抜ける方法がない、長く狭い通路と化していた。初めてここに来た私を含む四人は、一瞬動きを止め、まじまじとこの通路を見た。過去には、細身でない訪問者がこの猫穴(シャティエール)まで来ながら引き返すはめになったこともあったという。

「息をそっと吐くように」と、アンドレアスが命じた。「居心地が悪くても、絶対立ち上がろうとしないこと。腹這いのままでいるように」

まず伯爵が開口部に入った。そろそろ八十の声を聞こうという老人が両肘を使って体をうごめかし、岩の狭い隙間を通り抜けていく(「この洞窟はいい運動になる」と彼はおだやかに言った)。前を行くジュリアのブーツの底が見えなくなったところで、私も這い進みはじめた。通路は窮屈で、小さな鍾乳石に覆われていた。腰をくねらせ、両肘をつきながら体を前へ引きずっていく。この洞窟を訪れた初期の研究者の一人であるドイツの人類学者ロベルト・クーン博士は、この猫穴（シャティエール）を通り抜ける旅を〝棺（ひつぎ）を這う感じ〟と表現した。エシュルマンは〝空間がしぼんでいく恐怖〟と書き記した。この猫穴（シャティエール）に沿って、通路を警護しているかのような幻影めいた人影がひと連なり彫刻されていた――ベグエン家はこれを〝怪物たち〟と呼んでいる。

　窮屈な空間を抜けると、方解石が結晶している部屋に出た。この結晶はきわめて純粋かつ繊細で、冬の氷雨をともなう暴風が吹き抜けて真珠のように氷結させたものを一面に散りばめた感じだった。ルイ・ベグエンと二人の兄弟が一万四千年のあいだ誰も足を踏み入れてこなかったこの部屋に入ったときは、声を出しただけでガラスのような鍾乳石がパチッと周囲ではじけ、洞窟の床に落ちてシャリッと音をたてたという。

　鍾乳石の林をまたひとつ横断し、床まで垂れた大きな柱を回り込み、体をかがめながらわずかに上りになった坂を進み、そのあとまた下りになった。もう歩きはじめて二時間半になる。声を発する者はなく、全員が現実から切り離された夢うつつの状態で漂うように進んでいた。そのとき、突然アンドレアスが細い道に両膝をつき、私たちにも横でひざまずくよう身ぶりを送ってきた。それから彼はぴたりと動きを止めた。

「君たちにお願いする」彼は薄暗い舞台から台詞を届けているかのように、小さな声でゆっくり言葉を発した。

「ランプを消してくれたまえ」

何が起ころうとしているか理解し、心臓の鼓動が速まった。部屋に漆黒の闇が降り、しんと静まり返る。そこでベグエン伯爵のランプがチカチカッと灯り、彼がその光を私たちの後方の闇へ向けた。一本の糸でつながった操り人形のように、全員の視線がその光を追い、次の瞬間いっせいにハッと凍りついた。

丸天井の小さな部屋があり、平らな床はむきだしの状態だった。私たちがひざまずいているところから三メートルほど離れた中央部に、大きな石がひとつあった。その石にもたれかかるように、わずかに傾いた感じで置かれた一対の粘土製のバイソンが、柔らかな光に輝いていた。全員が合わせたように息を吐いた。全身が緊張し、腱のひとつひとつが固まり、肩の筋肉が収縮した。次の瞬間、すべてが一挙に解き放たれた。私の中に温かい潮流が湧き出し、体の芯から上昇して上半身を通り抜け、そのあと頭へ流れ込んできて、最後に呼吸が不規則になった。バイソンに目を凝らしながら、突然私はむせぶように泣きだし、涙が頬を伝い落ちた。

前のバイソンが雌で、後ろのバイソンが雄だった。

精密な細部がすばらしい。曲がった角、下あごに付いている畝（うね）のような模様、垂れ下がったあご髭。背中のこぶのなだらかな傾斜、腹部の盛り上がり、肩の隆々とした膨らみ。筋肉の収縮や皮膚の下の臓器が揺れ動くようすまで目に浮かびそうだ。粘土がまだ湿っているかのようにきらりと光った。明かりが消えたあとひそかに人形と操り人形が動きはじめる童話の中から、飛び出してきたかのような彫像だった。

彫像をゆるやかに囲むよう、ベグエン伯爵が指示を出した。私たちを家族の一員に紹介しているかのように、優しく小さな声で彫像の細部について説明しはじめた。最初は簡単なフランス語のフレーズでゆっくり話してくれたので、私も大きな問題なくついていけたが、話が細かくなるにつれて早口になってきた。やがて話の筋がわからなくなり、会話から遠ざかった。凝らしていた目から力を抜くと、意識からバイソンの細部が離れていき、意識が後退するにつれ伯爵の声も遠ざかっていった。やがて、この部屋に一人きりになったような心地になり、耳を流れる血液の音だけしか聞こえなくなった。

ベグエン家には革綴じの来客芳名帳（リヴレ・ドール）があり、こ

の一世紀に洞窟を訪れた人たちが一家への感謝を述べ、バイソンを見た経験を文章にしたためている。ほとんど全員が同じような、一種恍惚とした状態に投げ込まれていた。ルイ・ベグエンは〝その場に釘づけになり、声が出てこなかった〟と書いた。メグ・コンキーも麻痺したような感覚を描写している。クーン博士は洞窟の奥にたどり着いたとき、〝贖罪〟の感覚が押し寄せてきたという。クレイトン・エシュルマンは〝デュク・ドドゥベールで、自分の中の何かが私にささやいた／神を信じよ、と〟と書いている。芳名帳のいたるところに霊的畏怖をほのめかす言葉と語調が刻まれていた。この部屋を訪れたすべての人が〝恐ろしくも心惹かれる、謎めいたもの〟を感じていた証だ。それは、哲学者のルドルフ・オットーが聖なるものの基本的要素と表現したものに他ならない。

不思議なことだ。なにしろ、私たちはあのバイソンのことをほとんど何ひとつ知らないのだから。一万四千年後の世界から見れば、マドレーヌ人は暗闇の影のようなものだ。私たちが知る彼らの生活は、残された骨と古代の焚き火が散らばった灰からつなぎ合わせたものにすぎない。彼らの神話や神様、彼らの宇宙の形や輪郭については、薄ぼんやりと推測するしかない。聖なる対象はみな、〝それを神聖とする社会の文脈で見なければならない。現存する社会の儀式習慣の中でこそ、それは神聖になる〟と、宗教社会学者のロバート・ベラーは書いた。バイソンの文化的背景、つまりマドレーヌ人にとっての重要性を聖なる対象に吹き込んだもともとの意味は失われ、もはや取り戻すことができない。それでも、ステーションワゴンを運転し、食料店で冷凍食品を買う百四十世紀後の人々がこの部屋を訪れたとき、彼らは影像の前でひざまずく。今も私たち全員が暗闇の中、バイソンの前で地面にひざまずき、お祈りの姿勢でそれを見上げていて、その目はきらきらと輝き、涙に濡れている。この部屋では時間が崩壊し、私たちと祖先を隔てるものは髪の毛一本ほどの幅にまで縮まっていた。

〝秘密にして神聖な言葉、それは同胞（はらから）である〟と書いたのは、詩人のメアリー・ルーフルだ。〈テュク・ドドゥベール〉の奥で私たちが感じるのは、あらゆる霊的慣習に通底する神聖さと秘匿性だ。秘密性と神聖崇拝、隠匿と神々しさが織り合わされた力であり、それは寺院の暗い部屋に神々の像が安置されているヒンドゥー信仰の要（かなめ）でもある。永遠に漆黒の闇に保たれ、人が近づくことができない謎の囲われた場所で行われる、パプアニューギニアのウラプミン族の成人式もそうだ。寺院のもっとも神聖な区画がいちばん暗い部屋（石の敷居の奥に位置する秘密の聖域）である古代エジプトでも同様だ。

〝主（しゅ）は日を天に置かれた。しかも主はみずから濃き雲の中に住まおうと言われた〟と、旧約聖書でソロモンは語っている。実際、〝アブラハムの宗教〟［ユダヤ教、キリスト教、イスラム教］は、あらゆる神聖な建築物の雛型である〈幕屋（タバナクル）〉までさかのぼる、〝聖なる秘匿性〟という観念に根差している。古代イスラエル人が出エジプト後に砂漠をさまよっているとき、携帯テントのような構造を持つこの〈幕屋〉が神の住まう神聖な場所の役割を果たした。開けた大庭があり、その中央に長方形の〈幕屋〉があって、入口から聖職者しか入れない仕切られた区画へ続く。その区画の奥の垂れ幕に、〈至聖所〉と呼ばれる囲われた部屋が隠れている。この〈至聖所〉は永遠の完全な闇に保たれ、ここには神の究極の象徴である〈契約の箱〉をはじめ、もっとも神聖な聖遺物が置かれている。年に一度、〈大司祭〉だけが〈贖罪の日〉に〈至聖所〉に入ることを許され、彼は人間の罪を贖うために〈契約の箱〉に血を振りかける。

ついにイスラエルに到着したとき、ヘブライ人は〈幕屋〉の厳密な青写真に従ってエルサレムの〈神殿の丘〉に最初の神殿を建てた。〈至聖所〉は石の丘の奥深くにある洞窟に造られた。あまりに神聖すぎる場所であるがゆえ、政治的な不和を起こす可能性が高く、この部屋を探検し尽くした考古学者はいない。しかし、床のしかるべき場所をコツコツ叩くと、下から木霊が返ってくると言われている。いずれにせよ、〈幕屋〉と〈至聖所〉は建築による洞窟の複製であること、つまり放浪する古代イスラエル人が、はるか昔から地下の暗闇で行われていた祖先伝来の儀式を執り行えるよう移動を可能にした暗室であることは、想像に難くない。

その昔、〈テュク〉の奥深くで何があったのか。少しでも解明できそうなヒントがあるとしたら、それは、アンドレアスの案内で今やってきたバイソンの隣の部屋かもしれない。彼は入口に膝を折り、部屋の真ん中に開いている大きな穴に光を向けた。マドレーヌ人が彫刻のために粘土を掘り出した箇所だ。アンドレアスが床を照らして言うには、この部屋全体に人の足跡が百八十三散らばっていて、不可解なことに、そのほとんどは踵の跡だという。二〇一三年、この謎を解き明かそうと、ベグエン家はカラハリ砂漠のサン族から三人の男を招き、彼らとともに洞窟を訪れた。サン族は伝統的な狩猟採集の生活様式を守っている最後の集団のひとつだ。三人の男は熟練の追跡者（トラッカー）だった。はっきりついた足跡を見れば、その人の性別や、怪我をしているか、病気か、何かを運んでいたか、急ぎ足だったか、ゆっくり歩いていたか、その人物が怯えていたかリラックスしていたかまで判断できる。彼らは洞窟の奥で一時間かけて、交錯する踵の跡に身をかがめ、歯切れのいい母語で精力的に言葉をやりとりした。

一万四千年前、この部屋には二人の人間がいたというのが彼らの結論だった。十四歳くらいの男の子と、三十八歳くらいの男性だ。この二人はいま穴が開いているところから粘土の大きな塊を掘り出し、バイソンのある部屋へ運び入れた。荷の重さで足が泥に埋もれた。しかし、踵の跡は天井の低い部屋で活動した結果ついたものではないとサン族は主張した。マドレーヌ人は意図的に踵で歩いたのだという。断言は難しいとしても、この跡はもしかしたら儀式としての踊りの名残ではないかという説には説得力があった。

また、追跡者たちは踵歩きの慣習に覚えがあった。カラハリ砂漠では、ひとつの集団の全員がたがいの足跡を知っているため、足跡を残すのは名前をサインするに等しいのだと、彼らは説明した（たとえば、ひと組でも足跡が残っていればたちまち深夜の逢い引きがばれるため、集団内では浮気ができないという）。身元を隠し、本当の意味での匿名性を守るには、だから踵で歩くしかない。私は化石化した踵の跡に身をかがめたとき、マドレーヌ人の彫刻家たちが儀式の準備をするため、薄暗い松明の明かりで作業をしているところを想像した。とりわけ神聖な儀式だったため、このような隠された場所でも、自分の身元をわかりにくくする必要があったのだ。

洞窟の入口へ引き返し、猫穴（シャティエール）を這い戻って断崖を急いで下り、〈結婚式の間〉に入ったとき、私は、〈テュク〉から車でわずか二、三時間の、やはりマドレーヌ人が絵を残している〈ラスコー洞窟〉をパブロ・ピカソが訪れたときの話を思い出した。あの洞窟が発見されてからわずか数カ月後のことだ。まだ人間の手が加わっておらず、観光者のために着飾らせていない頃で、地元の寄せ集めグループが松明の光で訪問者を地下へ案内していた。ピカソが湿った洞窟に下りて見守るうち、案内人がチラチラ燃える柔らかな光を天井にかざすと、石面を疾走している牛やトナカイや馬が露わになった。その瞬間、ピカソは古代の潮流が現代に押し寄せる〝時間崩壊〟に圧倒され、「私たちは何ひとつ新しいものを発明していない」とつぶやいた。

その夜の終わり、私たちはベグエン家の書斎に集まり、マホガニー材でできた重厚な机の周りに集合した。机の上には、青銅製のバイソン像とベグエン伯爵の祖父の写真が飾られていた。日が落ちてから長い時間が経ち、全員が疲れていたし、耳には泥がこびりついていたが、それでもみんな、まだ洞窟での遭遇による幸福感に浸っていた。全員が芳名帳に署名すると、ベグエン伯爵が白ワイン・ミュスカデのボトルを開け、この日の午後とバイソンにみなで乾杯した。

伯爵によれば、二体のバイソン像は「保存の奇跡」だという。あとほんの一メートル右か左に置かれていたら、バイソンは天井から滴り落ちる水で破壊され、歴史の闇に消えていたかもしれない。物体がどう腐敗し化石化するかを研究する化石化学者（タフォノミスト）なら誰でも、バイソンの保存状態が素晴らしい点を認めるだろう。しかし、〝奇跡〟という言葉が適切かどうか、私は疑問に思っている。マドレーヌ人は腐敗と保存のパターンを理解していたのではないだろうか。地上の〝永遠のはかなさ〟の中で生き、うつろいやすい天候や食用動物の移動、季節ごとの植物の発芽に日々の暮らしを左右された彼らは、封印された地下の奥深くに安置すればそれらが永続することを知っていたのではないか。

ピュジョルの前門を通って帰路に就いたとき、私は小さな丸天井の聖域にひそかに隔離されているバイソンのことを考えた。このあとさらに一万四千年が過ぎたとき、地上の世界がどんな変化に遭ったとしても、琥珀（こはく）に閉じ込められたようにバイソン像は今と同じ状態を維持している可能性が高いだろう。そのことに、驚嘆の思いを禁じ得なかった。

ニューヨークに戻った私は、ついにREVSを発見した。彼を捜しはじめてからおよそ十年が経っていた。ある日の午後、私はラディという友人と、彼がブルックリンに所有するレストランで話していた。彼は自分の家族のことを語っていた。父親はパレスチナからやってきて、ブロードウェイのあちこちで模造宝飾品（コスチューム・ジュエリー）を売り、デリカテッセンを構えるだけのお金が貯まり、その後デリを食料雑貨店へと拡大して、ラディが少年時代を過ごしたベイリッジに家を買ったのだという。

何年か前、ラディがかつて暮らしていた近所で過ごしたことがあると、私は打ち明けた。ニューヨークの隠された場所に自分の人生の物語を記していた、REVSという幽霊のようなグラフィティ・アーティストを捜しにいったのだと話した。

「REVSなら知っている」ラディは言い、にやりとした。「僕はREVSといっしょに育ったんだ」

突風が吹く二月の寒い夜、私はブルックリンでREVSと向き合い、ピザの夕食を前にしていた。くり返し想像してきたせいか、いま現実になったというのに、すでに現実になっていたかのような奇妙な感覚にとらえられていた。テーブルの周囲には画家と音楽家と映画制作者が入り交じっていた。REVSは五十代前半で、ビーニー帽の下に少年のような赤い頬と灰色がかった青い目が見えた。他の客たちは冗談を言ったり笑ったりしていたが、彼は静かに椅子にもたれていた。用心深く、みんなを、特に私を警戒していた。自分の知らない唯一の人間だったからだ。

REVSの日記は私がニューヨークと恋に落ちた理由の一部であること、私がほとんどのページを現場で見ながら転記してきたこと、友人たちとの会話で彼の言葉を引用してきたこと、当人を除けばおそらく世界の誰よりあのテキストを熟知していることを、彼に伝えたかった。この夕食のために、日記の特定の部分についての質問でノートを埋めていた。もしかしたら、二人で彼の作品の精読会めいたことができるかもしれないと考えて。ところが、日記の話を持ち出した瞬間、彼は椅子に座ったまま体の位置を変え、腕組みをした。その話をしたくないのは明らかだった。

「使命があった」と、彼は言った。それで話は終わりとばかりに注意をピザに戻す。

なんとか話をうながそうとしたが、彼は答えをはぐらかした。「使命を感じていただけだ。それくらいしか言えない」

夕食は続き、話題は縄張りをめぐって火花を散らした昔のグラフィティ・ギャングたちのことなど、ニューヨークの昔話へ移っていった。REVSはときおり言葉に飛びついて口を開いた。十代のグラフィティ・ライターだった八〇年代のスラングを使って話していることに私は気がついた。しかし、ほとんどの時間、彼は殻に閉じこもっていた。

会話が小やみになったところで、REVSと目が合った。そこで思いきって、地下鉄のトンネルに下りて線路を走ったこと、暗闇で彼のページを見つけるたびにぞくぞくしたことを伝えた。

彼は目を細めて私を見た。まだつっけんどんな態度ではあったが、ほんの少しだけ素っ気なさが和らいだ気がした。

私の見た第八〇ページのことをREVSに聞きたかった。グラフィティ人生の始まりについて書かれた箇所だ。〝何かに自分の痕跡を残すという着想がひらめいた〟と、彼は書いている。〝できれば死ぬまで続けたい〟と。ぼろぼろに崩れかけながら肥大化した未来のニューヨークで、用心深い探検家が地下へ下り、ライトを照らしながらトンネルを通り抜けた先で、暗闇に今なお保存されている彼のページのひとつを発見することを、当時の彼は想像していただろうか？

「永続する何かを作るのが、あの日記の目的だったんですか」と私は尋ねた。

彼は何も言わず、ただ肩をすくめた。

しかし、少しして私に向き直ると、「じつを言うと、ページのなかには封印されたものもある」と言った。

私は意味を探るように彼を見つめた。

「あの頃、非常口の奥の壁によく描いていた」彼は言った。「そういう少し奥まった場所のいくつかは、いま煉瓦で封印されている」

「封印されたって、誰に?」と私は尋ねた。「MTA(都市交通局)に?」

深夜トンネルの中で一人、盗んだMTAのヘルメットと蛍光ベストを着て、煉瓦ゴテを手にセメントの入ったバケツに身をかがめ、煉瓦をひとつまたひとつと積み上げ、自身の書いた文字を暗闇の中に閉じ込めようとしている男の姿を、私は想像した。

REVSはほんの一瞬、私と目を合わせると、すぐに顔を背けた。

闇を知りたければ、
見えなくなれ
何も見えなくなって、
闇も花を咲かせ歌を奏でることを知れ

ウェンデル・ベリー「闇を知る」

第8章 暗帯(ダークゾーン)

——「創世記」の闇と意識変容

一九六二年七月十六日、フランスとイタリアにまたがるアルプス山脈の高地で、ミッシェル・シフレという二十三歳のフランス人地質学者がヘルメットのひもを締めていた。

そして、集まった友人と支持者の小さな一団に厳(おごそ)かにうなずいて見せ、針金梯子(ワイヤーラダー)で〈スカラッソン洞窟〉の入口を通り抜けていった。地下一二〇メートルほどの完全な暗闇に着地し、洞窟内部に光を投じると、分厚く青い氷に覆われた壁がきらりと光った。奥にある大きな部屋で彼を待っていたのは、赤いナイロン製テントに、折り畳み式の家具が数点、大量の缶詰と水、そして地上と電線でつないだ着信機能なしの野外電話機だった。シフレがワイヤーをぐいっと引っ張って地上チームに合図を送ると、梯子はゆっくり視界から消えていき、やがて暗闇と静寂の中で一人ぼっちになった。このあと二カ月間地上へ出ずに、この地下空洞で暮らすのだ。

人間本来のバイオリズムを研究する、時間生物学の実験だった。日の出と日没から切り離され、カレンダーや時計もない洞窟の闇に置かれたとき、人間の体は生来埋め込まれている体内時計に立ち返る、という仮説を検証するために。「人間本来のリズムを発見できるだろう」とシフレは言った。

洞窟滞在中は完全に本能だけで時間の経過を判断する。自分の一日を日誌につける。眠気を感じ眠る準備をするたび、目を覚ますたび、食事をするたび、今が何時と感じるか、主観的な時間を記録していくのだ。次に、地上の支援チームに自分の一日を電話で報告し、地上チームがその客観的な時間を記録する。このやりとり以外、シフレが在籍するソルボンヌ大学の同級生から成る支援チームとの意思疎通は禁じられた。地上ではいま何時なのか、何ひとつ彼にはわからない。実験の最後に、シフレは地下における主観的な時間を記した図と、地上の時間が記された図を見比べ、どこでふたつが分かれていったかを確かめる。

梯子が音をたてて見えなくなった時点で、シフレは孤独な暗帯(ダークゾーン)の常駐者となった。光の弱い懐中電灯がいくつかとカーバイドランプがひとつあったが、電池とガスを節約するため、多くの時間は消したままで過ごした。シフレはレコード・プレイヤーでベートーベンのソナタを聴き、懐中電灯の光で本を読んで(タキトゥスとキケロに、冒険サバイバルものを何冊か。「洞窟の比喩」を収録したプラトンの『国家』を持ってくるつもりだったが、家に忘れてきた)、主観的な日々を過ごした。パリにいる恋人の夢を見、漆黒の闇の中で水を沸騰させた鍋に砂糖の塊を投げ込むゲームに興じた。あるとき一匹の蜘蛛と友達になり、小さな箱の中で飼った(〝ここにいるのは彼女と僕だけ〟と日誌に書いた)。

〝寝て、起きて、寝る〟をくり返しながら、彼は地下環境の〝容赦ない一様性〟に支配された世界と格闘した。何日かすると、冬眠動物のような脱力感に陥った。代謝が遅くなり、視覚と聴覚が鈍り、心の錨（いかり）が徐々に抜けていく。〝無限空間という恐ろしい感覚〟に悩まされ、なぜ自分はこの企画に投げ込まれたのかという疑問に苛まれた。〝自由意志でこの探検を始めたわけでは決してない。なんらかの上位の力に無理やりやらされたのだ！〟と彼は書いた。幻覚が見えはじめ、目の前に光の点々が浮かんだ。思わず暗闇に向かって金切り声を上げたこともあった。〝今になって理解した〟と、彼は後日書いている。〝神話で〈地獄〉の場所がかならず地下に定められてきた理由（わけ）を〟

洞窟で暮らしはじめて六十三日目の九月十四日、支援チームが洞窟の入口からワイヤーラダーを下ろして実験の終わりを告げた。シフレは戸惑った。彼自身の〝覚醒〟図によれば、今は八月二十日だったからだ。

以後、シフレは洞窟の奥深くに潜って行うバイオリズムの研究に人生を捧げた。〈スカラッソン洞窟〉での実験から何年かして、〝地下のジャック・クストー〟として有名になっていた彼は、カンヌに近い洞窟の奥深くへ向かった。一九七二年に行われたNASAが後援する探検では、テキサス州の〈ミッドナイト洞窟〉に下りていき半年間過ごした。六十歳のとき、フランスの〈クラムス洞窟〉の中で二カ月過ごした。毎回、心にスイッチが入って現実から切り離される現象を経験した。

シフレの業績を追い、その実験報告を読むうちに、私は気がついた。これらの探検でわかったのはバイオリズムだけではない。長期間暗闇へ退却することで、彼はもっと不可思議で根本的なものに触れたのだ。

〈スカラッソン洞窟〉で行った初めての実験についてシフレが書いた『時間を超えて』〔未邦訳〕には、実験最終日に地表へ戻ってきたときの若き科学者の写真があった。〝地下世界の永遠の夜〟で二カ月を過ごして衰弱した彼は、自力でワイヤーラダーを上がれず、落下傘のハーネスを着けて上から引き上げてもらった。操り人形のようにだらんと力なく、意識を失っては回復した。日光から目を守るために装着した真っ黒なゴーグル姿は、宇宙旅行から帰ってきたかのようだ。青白い顔に、こけた頰、骸骨のように痩せた体は二カ月前と別人だった。いちど死んだあと、生の世界へふたたび引き上げられたかのように。

〈スカラッソン洞窟〉から出てきたシフレの写真を見たとき、やはり洞窟で長期間過ごしたことで有名な古代ギリシャの哲学者ピタゴラスの話を思い出した。

ピタゴラスは今日でこそ数学者として知られているが、彼の生きた紀元前六世紀には半神半人の聖人として称えられていた。彼の著作で現代まで伝わっている

ものはないが、信奉者たちが伝えるところでは、ピタゴラスはまじないで病人を治療し、地震を予言し、激しい雷雨を鎮め、過去へ旅し、バイロケーション（同じ時間にふたつの場所に存在する）能力があったという。誇張の余地を考慮しても、当時ピタゴラスに一定の超人的能力があったことを疑う者はいなかった（あの思慮深いアリストテレスでさえ、〝理性的な創造物といえば、神々とピタゴラス〟と認めていた）。ピタゴラスの知恵の源泉として長期にわたる洞窟ごもりの習慣があった点は、誰にも異論がなかった。彼はサモスに〈哲学の館〉と呼ぶ自身の洞窟を所有し、複雑に入り組んだ宇宙について瞑想するため、その暗闇によくこもっていたという。黒い子羊の毛にくるまってクレタ島の洞窟に下り、二十七日間出てこなかったこともあった。最後に青白い顔と痩せさらばえた体で暗闇からよろめき出てきた哲学者は、弟子たちに明言した。

自分は死を経験した。黄泉(ハデス)の国へ旅し、そこから戻って、いま人間のあらゆる律動を超えた聖なる知識を得た、と。

こうした洞窟ごもりが持つ不思議な類似性に私は思いをめぐらした。生物学的限界を試すために暗闇への旅を敢行したシフレ。超常的な知恵を求めて地下世界へ下りたピタゴラス。二人は二千年の時を超えて話し合っているかのようだ。非科学的で、ひょっとしたら無謀かもしれない実験に私が挑んでみようと思ったのは、時間を超えて響き合うこの現象への好奇心からだった。私も暗帯(ダークゾーン)にこもってみよう。洞窟の底で野営をし、誰の邪魔も入らない暗闇で一人、二十四時間過ごしてみよう。

この計画に力を借りるため、私はニューヨークにいるクリス〔クリストフ〕・ニコラという洞窟探検家の友人に相談した。彼はアメリカでもっとも経験豊富な洞窟探検家の一人で、世界数十カ国の洞窟を探検している。莫大な時間をかけて、暗帯(ダークゾーン)での長期滞在について思索を深めてもいた。クリスは一九九三年、ウクライナ西部にある〈司祭の洞窟〉と呼ばれる石膏洞窟を探検中、地下二・一メートルの深さに古い野営地の遺構を発見した。ベッドの木枠、割れた陶器、磁器のボタン、小麦を挽く臼、十数足の革靴を見つけたクリスは、以後何年もかけて〈司祭の洞窟〉の謎に挑んだ。そして、第二次世界大戦中、ウクライナの年配女性や幼い子どもを含めた三十八人のユダヤ人が一年半この洞窟で暮らし、ナチスから身を隠していたことを突き止めた。洞窟から生還した人を全員探し当て、地下の暗闇で彼らがどんな経験をしたか聴き取ったうえで『〈司祭の洞窟〉の謎』〔未邦訳〕

という本と「地上に場所なし」というドキュメンタリー映画に残した。

暗帯（ダークゾーン）が人の心にあたえる影響を調べたいと私が言うと、君の言っていることはよくわかる、とクリスは言った。私がどこで実験を行うべきか、彼は教えてくれた。クレイグ・ホールという長年の洞窟探検仲間が洞窟だらけの大きな土地をウェストバージニア州ポカホンタス郡に所有しているという。

「クレイグ自身も洞窟の暗闇を熟知している」彼は言った。「この男に連絡しろ。君のためにお膳立てをしてくれるはずだ」

ヨコバイガラガラヘビのように曲がりくねった道路に車を駆り、斜めにゆがんだ山小屋や地元の教会などを通りすぎながらウェストバージニア州を走るあいだ、たしかに木々から漂ってくる冷気には洞窟を思わせる麝香のような臭いがした。ウェストバージニア州は洞窟の宝庫だ。州全体がカルスト地形で、石灰石の地質は水によって簡単に空洞化し、洞窟を形成する。〈アメリカ洞窟学会〉によれば、ウェストバージニア州には約四千七百の洞窟が点在し、これは一平方キロメートル当たり一・九七個の洞窟がある計算で、国内最高の密集度だという。ヒルズバラの町で、サンドイッチを買うためクレイグの家にほど近い小さな食料雑貨店に立ち寄ると、カウンターの奥にいた老夫婦に、〈北〉からわざわざ何をしにきたのかと訊かれた。洞窟をいくつか所有している男に会いにいくのだと、私は答えた。

「この辺の土地の所有者なら、土地の大きさにかかわらず誰でも洞窟を持っているよ」と、亭主のほうが言った。

丘の上に木々が壁のように連なった車寄せの道で、クレイグ・ホールは私を迎えてくれた。六十代の中頃と思われる長身痩軀の男で、四十年ほどに及ぶ洞窟探検に役立ったと思われる、縄のようにひょろ長く伸びた手足の持ち主だった。古い絵画に描かれたアメリカ辺境の住民さながらに、白髪まじりの髪をぼさぼさのポニーテールに束ねていた。同じく洞窟探検家で、背が低く、頭の切れる妻のティキとともに、人間の手が入っていない広さ八一万平方キロメートルの土地に暮らしていた。オークの木々が高くそびえているせいで、二階建ての家が小さく見える。クレイグとティキは一九七〇年代の初めにノースカロライナ州のヒッピー農場で出会い、所有するフォルクスワーゲンのバスでウェストバージニア州の田舎まで走り、そこで見つけたものが気に入って、そのまま住み着いたという。この地にたどり着いて四十年になる。ふつうに考えれば郷里と呼べるほどの期間だが、クレイグによれば、アパラチア地方の不気味な雰囲気に麻痺してしまうほどの長い時間ではないという。このあたりには旧家がいくつもあり、長きにわたり周囲から隔離されてきたため、彼らは今でも先祖のアイルランド人風の発音で話している。隣の郡には有名な殺人一家がいて、全員が複列歯の持ち主だと、彼は言った。友人たちはこのあたりの丘で幽霊を見たことがあるという。南軍の軍服を着てマスケット銃を掲げた若い兵士たちが森を行進していたそうだ。

「少し雨が降ったから、ほとんどの洞窟は水浸しの状態だ」クレイグが言った。「それでも、君の目的にかないそうなのがひとつある」

〈マーテンズ洞窟〉の入口まで歩くあいだ、私たちは暗闇から流れてくる冷たい吐息を感じていた。クレイグの説明によれば、洞窟の全長は四〇〇メートルほどで、真ん中あたりを水が流れている。歩いて入り、歩いて出てこられる洞窟なのでとくだん難しいことはないが、そのぶん動物たちも出入りができる。クレイグは洞窟の入口に立つと、私が遭遇するかもしれない生き物の一覧にチェックマークを入れながらコメントを添えた。アライグマ（「彼らは常時このあたりにいる」）、クマ（「今の時期はそんなに多くないが、ひょっとしたら」）、モリネズミ（「葉っぱの小さな束が見えたら、それがやつらだ」）、ボブキャット（「たぶん」）、ヒョウ（「いる」）。彼はいちど言葉を切った。私の顔が少し青ざめたのに気がついたのかもしれない。全体的には心配する必要はない、と彼は言った。「思い出せ、人間

は美味くないことを。こっちがかまわなければ、向こうもかまってこない」

　時刻は午後六時過ぎだった。明日、このくらいの時間になっても私が彼の家へ戻ってこなかったら捜しにきてくれるということで、話が決まった。クレイグは自分のトラックへ引き返し、私は暗闇の中へ向かった。


〈スカラッソン洞窟〉に滞在したシフレに比べると、私が〈マーテンズ洞窟〉で行った野営は贅沢なものだった。入口から八〇メートルくらい下へ進むと、軟らかい乾いた土の一画がしばらく続き、天井はまっすぐ立てるくらい高かった。気温は一三度くらい。腰を据えた場所から六メートルほど離れたところを流れる水が、忍び笑いにも似た小さな音をたてていた。洞窟の壁にぴったりつける感じで寝袋を配置した。これならヒョウも後ろからは襲いかかれない。ランプの光を上へ向けると、岩の天井に結露した水滴が神々しいきらめきを放った。

　サンドイッチを飲み下し、ウェストバージニア州の洞窟探検仲間からお守りとしてもらった安バーボンをボトルからひと口飲んだ。水の流れをめがけて小便し、寝袋に腰を下ろして腕時計に目をやった。午後六時四十六分。気を引き締めてひとつ深呼吸し、ヘッドランプに手を伸ばして明かりを消した。

　最初、暗闇にはそれほどショックを受けなかった。夜遅い時間になじみのない部屋で目を覚まし、目が慣れるのを待つのとそんなに変わらない気がした。小さな岩にもたれ、膝の上に寝袋を引き上げた。安バーボンのげっぷを小さく吐き出す。ガラスのような心の静けさを感じた。胡坐(あぐら)をかいて背中をまっすぐ伸ばし、暗闇に目を凝らす。しばらく呼吸を整えると、自分から考えが剥離していくのを感じ、何日でも座っていられるのではないかと思った。

瞬きをしたとき、すべてが変わった。目をしばたたかせても、瞬きした証拠がまったく感知できない。瞬きという行為は感じられた。筋肉がピクッと動き、まぶたが下りて、上下の睫毛(まつげ)がわずかに触れ合い、まぶたが上がる。だが、なんの結果も感知できない。体と脳の意思疎通ができていない感じがした。嵐で送電線が落ちてしまったかのように。

暗闇に対する私たちの嫌悪は視覚に根差している。人間は昼行性、つまり日中に活動する生き物だ。私たちの祖先は生理学的にもっとも繊細な機能に至るまで、〝日があるうちに食料を探し、船の舵を取り、避難場所を探す〟という行動に適応した。もちろん、私たちの目は日中には優秀だ。細かなところまで焦点を合わせてくれる〝錐体(すいたい)細胞〟という光受容細胞がふんだんにある。私たちの祖先は地平線上の狩猟動物を見分けることができ、木に成った果物の色合いから熟しているかどうかをひと目で判断できた。しかし、日光がない状態だと、私たちの目はほとんど使い物にならない。錐体細胞を過剰に備えるいっぽうで、弱い光でも物を見られるようにしてくれる桿体(かんたい)細胞は不足している。毎晩、日が沈んだ時点で、私たちの祖先は無防備になった。ライオン、ハイエナ、サーベルタイガー、毒蛇といった強力な暗視能力を持つ夜行性ハンターたちが優位に立ち、人間は捕食者から獲物へと転落した。祖先にとって、真っ暗なサバンナをさまよいながら捕食動物の前足が地面を打つ音に耳を澄ましているときは、恐怖の極みだったことだろう。

　現代の西洋で、私たちはもう夜に待ち伏せしているサーベルタイガーを気に病むことはないが、今でも暗闇の中の居心地は悪い。〝何千年、何万年経ってもなお、私たちは暗闇に慣れることがない。胸の前で腕を交差させ敵の野営地で怯えているよそ者なのだ〟と、アメリカの随想家アニー・ディロンは書いている。私も暗闇に不安を呼び覚まされたことが何度もあった。子どもの頃、かくれんぼで父親のクローゼットに隠れたときは胸がドキドキした。オーストラリアの奥地で夜起きて、懐中電灯を持たずに小便に行ったところ、テントを見失い、野生犬(ディンゴ)の群れに遭遇したらとおののきながら暗闇をあちこちよろめき歩いた。ハリケーン・サンディが通り抜けた直後のニューヨークで、首の後ろの毛を逆立たせながら、深夜、停電したロウアー・マンハッタンの碁盤目の街を一ブロックまた一ブロックと歩き通した。しかし、これらは部分的な暗闇であって、かならず鍵穴から光の点が見えたり、空に星が輝いていたりした。地上では、目がかならず調節を行い、瞳孔が開いて光の粒子を集めてくれる。しかし地面の下となると、そうはいかない。洞窟の闇はたったひとつの光子さえ通ってこない。ここにあるのは古代の重い闇、「創世記」の闇だ。

頭の中の考えが地虫のように体内へ沈んでいき、私の内部構造を嚙み砕いていった。皮を剝がされ、中身をむきだしにされる心地がした。心臓がリズミカルにギュッと締めつけられ、胸郭の内側で肺が膨らみ、喉頭蓋（こうとうがい）が開いては閉じた。視力を失うと、他の感覚が開花した。洞窟に入ったときにはかろうじて気がついた水の流れる音が、部屋全体に満ちてあふれんばかりに広がった。素材を鼻先に突きつけられたように、泥や湿った石灰石の匂いが濃くなった。洞窟の味がした。天井から水が一滴落ちて私の額ではじけたときは、思わず寝袋の中から飛び出しそうになった。

感覚剝奪の研究は、冷戦時代の軍部で行われた秘密の洗脳実験から始まった。一九五〇年代の初め、北朝鮮で戦争捕虜になった米兵たちが資本主義を非難し、共産主義の美徳を称えている映像が飛び込んできた。洗脳を確信したＣＩＡは、ただちに洗脳技術を主眼とする〈ブルーバード計画〉〔のちの〈アーティチョーク計画〉〕を立ち上げた。その研究チームにいたドナルド・ヘッブという心理学者が、彼の言う〝感覚遮断〟の実験を提案した。

ヘッブは洗脳自体にそれほど関心があったわけではないが、刺激の欠如に脳が示す反応には前々から興味があった。例えば、英空軍の操縦士が変化に乏しい山の稜線を見つめながら一人で何時間か空を飛んでいて、突然——一見、なんの理由もなく——機体の制御を失い墜落してしまうという報告が気になっていた。静止した水平線の向こうを長時間見た船乗りは、蜃気楼のような幻を見る、という報告もあった。視覚的な刺激がない北極圏の真っ白な風景の中で人との接触を断つと感覚が混乱をきたし、海へ船を漕ぎ出したまま戻ってこなくなるから、イヌイットは一人で魚を捕らないよう戒めているという報告もあった。刺激の遮断に対する神経学的な反応を調べることで、脳の構造についての疑問に答えられるかもしれないと、ヘッブは考えたのだ。

それを確認する実験を〈X - 38計画〉と名づけ、およそ一二〇×一八〇×二四〇センチの四角い個室を作り、それぞれに空調と防音をほどこしたあと実験ボランティアを募った。一日二〇ドルの報酬の代わりに個室に入ってもらい、彼らの〝感覚を遮断〟した。念のため、被験者はつや消しをしたプラスチック製のゴーグルもつけた。触覚の刺激を減らすため、手に綿の手袋をはめ、腕には肘から指先まで厚紙を巻いた。さらに発泡スチロールのU字形枕で耳を覆った。研究チームと被験者が意思疎通できるよう、個室にはのぞき窓とインターホンが取り付けられた。ヘッブはできるだけ長い時間個室内にとどまるよう、被験者たちに指示した。

ヘッブは当初〈X - 38計画〉を軽く考えていて、この実験で被験者に起きる最悪のことはポスドクたちが用意する食事くらいだろうと冗談を言っていた。ところが、実験結果に彼は驚愕した。被験者が示した感覚の混乱は想像をはるかにしのぐ極端なものだった。ある被験者は実験終了後すぐ、研究所の駐車場から出ようとして車をぶつけた。休憩を取った被験者がトイレで迷子になり、どこから出たらいいのか研究者に助けを求めるという出来事も一度ならずあった。

もっとも驚くべきは幻覚だった。ほんの二、三時間、感覚を遮断されただけで、ほぼすべての被験者がそこにないものを見たり感じたりした。まず、脈打つ点と単純な幾何学模様が見え、これが複雑な遊離映像に成長して部屋のあちこちを漂い、それを統合した複雑な場面（シーン）が被験者の前で展開する。「目が覚めたまま夢を見ているようだった」と、実験に参加した一人は表現した。ある参加者は、かんじきを履いてリュックを背負ったリスが列をなして〝目的ありげに〟雪原を行進していくのが見えたと言い、ヘルメットをかぶった老人がバスタブを操縦するところを見た人もいた。とりわけ極端なケースでは、ある被験者が部屋で自分の分身と遭遇した。自分の幽霊と溶け合いはじめ、やがて両者の区別がつかなくなったという。〝地球の裏側で捕虜が洗脳されている話もショックかもしれないが、研究室の実験であたりまえの景色や音、身体的接触を二、三日取り上げられただけで健康な大学生の感覚が根底から揺さぶられ、自己喪失の危機に陥ったことが実証されたことは、いっそう衝撃的である〟とヘッブは書いた。

今日、こうした反応の背景にどのような神経学的メカニズムがあるかは、おおよそ解明されている。いかなる瞬間も、私たちの脳は視覚、聴覚、触覚をはじめ、ありとあらゆる知覚情報を受け取っている。不断の情報入力の流れに慣れているため、そこから切り離されたとき、脳は自分自身で刺激を生み出そうとする。自分自身のパターンを見つけだし、視覚野に現れたかすかな輝点でも記憶に蓄えたイメージと組み合わせて鮮烈な場面を創り出す——それがどれほど現実と乖離していようとも。

二〇〇七年、フランクフルトのマックス・プランク脳科学研究所は、目隠しをしたまま二十二日間過ごす実験に志願したマリエッタ・シュヴァルツというアーティストの協力を得て、きわめて啓蒙的な実験を行った。シュヴァルツが盲検（ブリントフェアズーフ）と呼んだこのプロジェクトは、知覚やイメージ、空間、芸術について、目の見えない人たちに聴き取りをする〈空間知〉という芸術プロジェクトの一環だった。シュヴァルツは目隠しをしたまま実験室に座り、ディクタフォンという口述録音再生装置を日記代わりに、自分の脳内で起こっているあらゆることをリアルタイムで記録していった。明るいアメーバや黄色い雲、動物柄といった複雑で抽象的な模様をはじめ、数多くの幻視が報告された。その間、研究者たちは、脳内の血流変化を追跡する機能磁気共鳴映像法（fMRI）スキャナーで、彼女の幻覚の背景にある神経学的活動を追った。視覚情報が皆無だったにもかかわらず、シュヴァルツの視覚野はランタンのように明るく点灯していた。まるで、目隠しなどしていなかったかのように。

つまり脳の世界において彼女が見た幻覚は、実際に触れたり味わったり嗅いだりできるものに劣らず、真実であり現実だったということだ。

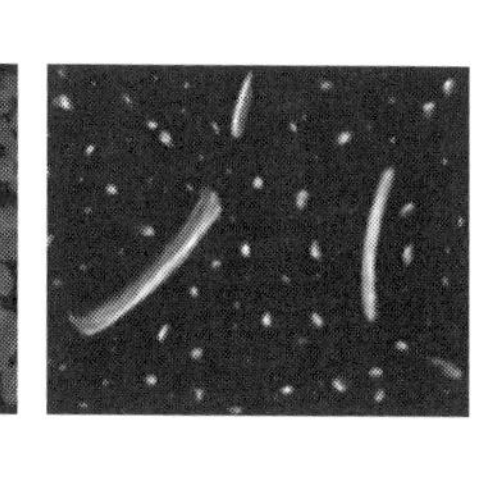

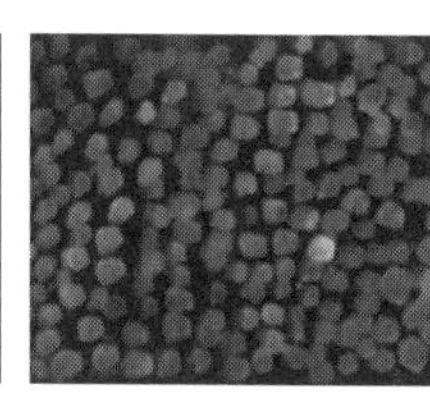

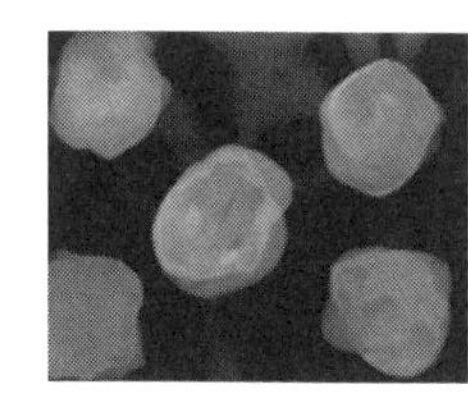

地下の暗闇で二時間くらい経過した頃、それは現れた。頭のすぐ上で、かすかな輪に囲まれた小さな光球が脈を打つように小さく躍りだした。ゆっくりとした柔らかな動きで、遠くの誰かが小さな声で歌っているかのようだった。私は暗闇に横たわったまま動かないよう努め、息さえも殺した。少しでも動いたら散り散りに消えてしまうかもしれないと思って。光は私の心を、渦を巻くように記憶の中へとゆっくり沈めていき、少し引き上げたあと、また沈めていった。少年の私がプロビデンスの屋根の上で、夜明け前の空を優雅に流れる流星雨を眺めている。十八歳の私がコスタリカの礁湖（ラグーン）で海に漂う発光性プランクトンの点々を見ている。インド中央部の平原で一人、さざ波を打つ雲のような蛍の動きを追っている。合理的な心の表面では、この光球は幻で神経系の異常の産物とわかっていたが、それでもなおそれは生き生きとそこに存在していた。膨らんでは縮み、群がっては散る。光が明るさを増すと、不思議な無重力状態を感じた。まるで宇宙空間をゆるやかに落下しているかのような。光がさらに明るさを増すと、突然自分の体が硬直して、その光に向かって引っ張られているかのように感じられた。そうして私は、自分が背中を丸めていることに気がついた。

私が〈マーテンズ洞窟〉の暗帯（ダークゾーン）で体験したことは、その原型らしきものをクン・サン族の呼び名で知られるアフリカ南部の狩猟採集社会が行う儀式に見ることができる。クン・サン族は前章に出てきたサン族のひとつで、遺伝子学的に見て世界最古の部族と目されている。歴史の闇に失われて久しい古代の狩猟採集社会の信仰について洞察を得るため、人類学者は折に触れて彼らの儀式を研究してきた。そんな儀式のひとつが〝トランス・ダンス〟だ。部族民が火を囲んで、夜、聖なる歌の複雑なリズムを手拍子で刻む。部族のシャーマンがそのリズムに合わせて足踏みを始める。最初は、横で子どもたちがいっしょに跳びはねるくらいの軽い踊りだが、時間が進むにつれてシャーマンの踊りはどんどんエネルギッシュになる。夜明けが近づく頃には、激しく発汗し、過呼吸になり、熱を帯びてくる。やがて、足がふらつき、体がくずおれ、意識が半分ぼやけ、地面で白目をむいたまま体を震わせ引きつらせる。

サン族によれば、この状態でシャーマンは一時的な死を体験する。魂が肉体を離れて霊的な別世界（彼岸）へ向かうのだが、その旅は地下の領域へ下りることから始まるという。サン族のディア

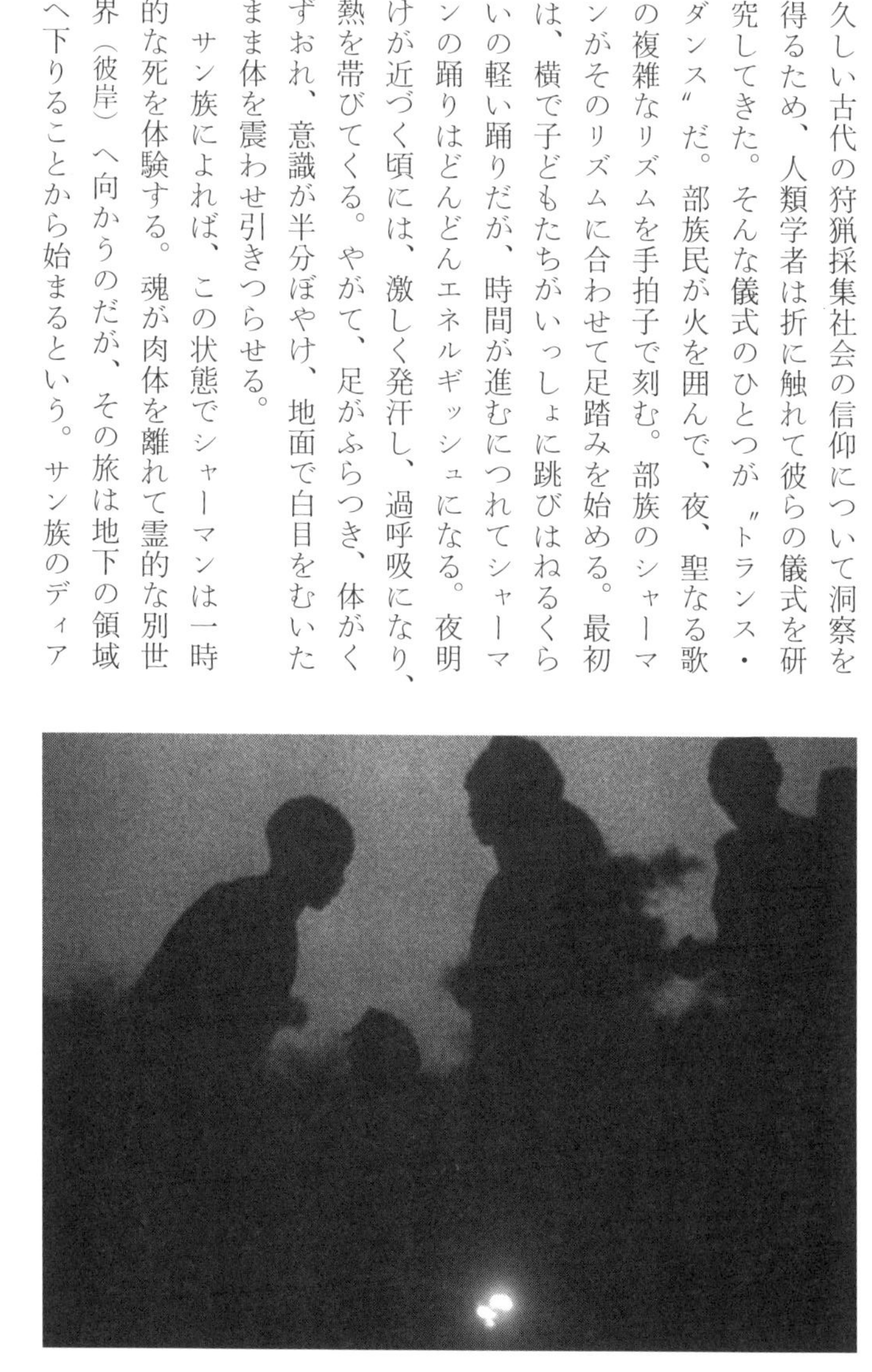

クワインというシャーマンは、「自分の魂は地面を通り抜けてはるか彼方へ旅し、別の場所へ現れる」と言った。あの世（彼岸）でシャーマンの魂は仕事を引き受ける。死者の魂に付き添って来世へ赴くこともあれば、祖先の魂を呼び集めて雨を降らせたり、狩猟動物の動きを制御したりすることもある。トランス状態から目覚めたシャーマンは、彼岸で発見したことを部族民に報告する。

宗教学者はこの半無意識状態を、〝自分自身の外に立つこと〟を意味するギリシャ語「ekstasis」から〝エクスタシー状態〟と呼ぶ。心理学者は〝意識変容状態〟と呼んでいる。研究者たちはずっと前から、何層も重なったスペクトルの上に意識が存在することを知っていた。一九〇二年、アメリカの心理学者ウィリアム・ジェイムズは〝いわゆる、私たちの通常の覚醒意識、理性的意識は意識の特殊な種類にすぎず、極薄の仕切りで隔てられた先には、まったく異なる形の潜在意識が存在する〟と書いた。

研究者たちはこのスペクトルを、日常の覚醒意識と夢を見ている無意識状態に挟まれた一連の段階（ステージ）に分ける。毎晩眠りに落ちるときのように、この軌道に沿って進むにつれ、私たちは身近な景色や、音、匂いといった外部の刺激から切り離されていき、焦点が心の内側、無意識へ向かう。思考がゆるみ、覚醒状態を離れて漂っていき、やがて夢という液体に浮かぶ。

そして、この軌道は制御も可能だ。特定の方法で脳の状態を変化させることが可能なら、サン族の踊るシャーマンのように、人為的に心が内向きになる流れを導き、覚醒中にも夢の状態へ入り込めるかもしれない。半無意識状態では幻視を体験したり、耳に焼きつくくらい鮮明な声が聞こえたりする。意識変容状態を研究しているメルボルン大学の人類学者リン・ヒュームによれば、私たちは「理性的な思考のプロセスを遮断し、非日常的な経験に心を開く」。この状態では、「知性と理性で獲得した知識とは異なる知識が利用可能になる」。

現代の西洋では意識変容状態を麻薬の使用や病理学と結びつけている。精神科病棟で投薬や治療が可能な状態のことだ。しかし、近代以前、意識変容状態は宗教的体験に大きな役割を果たすものだった。今日この惑星を歩いている事実上すべての人は、トランス状態こそが神の力を呼び、霊魂世界につながる方法だと信じていた人々の末裔なのだ。一九六六年に人類学者エリカ・ブルギニョンが行った調査によれば、世界の伝統文化四百八十八のうち四百三十八、つまり九〇パーセントが、なんらかの形のトランス儀式を行っていた（意識変容儀式を採用していることが現在証明されているアフリカ南部の文化の多くをブルギニョンは数に入れなかったため、この数字は現在一〇〇パーセントと考えられている）。今日でも、幅広い宗教的慣習にこの変容状態は見られる。ハイチのブードゥー教の司祭は異言を話す。イスラム教神秘主義者スーフィーは踊りながらトランス状態に入る。キリスト教ペンテコステ派の会衆は霊魂の憑依によって癲癇に似た発作を経験する。

儀式の詳細は文化によってさまざまだが、その信仰は同じ基本的な鋳型に依っている。シャーマンもしくは聖職者がトランス状態に入り、彼らの魂が体を離れて、あの世（彼岸）へ向かい、そこで神秘的な力や超人的な知恵とつながったあと、この世（此岸）へ戻り、肉体に入り直すというものだ。トランス状態を誘発するには、感覚入力の流れを遮断し〝頭の中に身体感覚の消失状態をつくり出す〟必要がある。ルーマニアの宗教学者ミルチャ・エリアーデはそれを指して〝エクスタシー技術〟と呼んだが、そうすることによって夢意識に入り込んだ神経学的経験を再現できる。これを再現するために人々は向精神薬を摂取したり、断食したり、猛然と踊ったり、精魂尽き果てるまで歌ったり、催眠的な太鼓音楽を演奏したりしてきた。

あるいは、地下へ行く。洞窟の暗帯（ダークゾーン）は長らく、意識変容状態の誘発に理想的な演出舞台だった。ケルトの預言者は予言を伝える前、洞窟にこもった。チベットの修道僧や高僧は山の洞窟で瞑想した。数あるアメリカ先住民族のなかでも、ショショーニ族とラコタ族のシャーマンは地下洞窟へ移動して〝ビジョン・クエスト〟に乗りだす。セネガルのウォロフ文化の神秘主義者やマレーシアのムルッ族のシャーマンも然り。古代ギリシャと古代ローマの神官はかならず地下から神託を運んできた。アイネアスを黄泉の国（ハデス）へ導いた有名な〈クーマイの巫女〉は洞窟の奥深くに住まい、そこでトランス状態に入って聖なる謎を口にした。万能の神託神殿〈デルフォイ〉の周りで行われた儀式も、その中心は洞窟だった（実際、デルフォイの由来は〝空洞〟を意味する「delphos」にあると言われる）。ピタゴラスは洞窟にこもったとき、現世を超える旅をするため一種の変容状態を誘発していたのだ。

この伝統がいかに根強く、広い範囲に及んでいるかは、どれほど力説しても過剰でない。ムハンマドはサウジアラビアの〈ヒラーの洞窟〉でアッラーから最初の言葉を授かった。二世紀の神秘家シメオン・ベン・ヨハイは十二年間洞窟にこもってモーセ五書（旧約聖書の最初の五書）を学究した。ようやく外へ出てきたとき、彼が目を向けた場所は炎で焼き尽くされたという。ヘブライの預言者エリヤは洞窟で神の声を聞いた。パトモス島の洞窟の暗闇に座して「ヨハネの黙示録」となる啓示を受けた聖ヨハネも同じだ。モーセが神の顔を見たいと願い出たとき、彼は〝岩の裂け目〟に置かれた。今日、もしあなたがシナイ山の山頂を訪れる〈聖地〉ツアーに参加すれば、モーセが〈十戒〉を受けた洞窟を見せてもらえるだろう。

プラトンは「洞窟の比喩」の中で、知恵に至る道は上方にあり、理性と論理は頭上の光に満ちた天にあると語っている。囚われ人が洞窟の暗闇から出て地表へ上がったとき、真実が明らかになると。プラトンは触れていないが、この世には別種の知恵がある。論理や理性以上に根強い、古く土臭い知恵が。この暗い知恵とつながる道は下へ向かい、洞窟の奥へ至る。私たちは神なるもの、神秘なもの、曖昧なるものに触れるために暗闇へ入っていく。

この世界にあるおよそどんな洞窟でもいい。そこに入って下へ向かい、薄明帯(トワイライトゾーン)を通りすぎてみるといい。暗闇の中、あなたは古代の宗教儀式の名残に遭遇する。副葬品に満ちた墓所、壁に描かれた聖なる絵、古代の火の跡がついた石の祭壇、儀式用の音楽を奏でる骨製のフルート、儀式で行われる熱狂的な踊りがつけた足跡、そして、生贄として供えられた動物と人間の骨。

しばらくすると、頭上の光球は明滅して消えていった。私は筋肉の凝りをほぐし、首の緊張を解いて、洞窟の床にぴたりと体を付けた。ひとつ、瞬きをする。もう一度。周囲の闇がふたたび静謐を取り戻した。しばらく前方の闇を見つめ、いま経験したことをじっくり振り返った。途方もない経験をした気がした。ゴム製の槌で膝頭を叩くと脚が跳ね上がるように、私は暗闇に対し無意識に、かつ反射的に反応した。あの脈動する光はすべて、私の生物学的構造から呼び起こされた、私の脳と神経系から立ち上がったものだ。地上をさまよい歩いてきたすべてのホモサピエンスの脳に共通する、基本的な配線をたどって。つまり、私が〈マーテンズ洞窟〉の暗闇で体験した感覚は、世界じゅうの人々がこの何十万年のあいだ経験してきたものなのだ。

心理学者はこうした小さな幻覚を、ギリシャ語の「entos」（内側）と「op」（見ること）から〝内視現象〟と呼ぶ。脳内と視覚処理システムから生じるものとして。私が〈マーテンズ洞窟〉で見た光球は――線や格子模様やジグザグ模様を含めた単純な幾何学模様とともに――意識変容状態に入る第一段階を示している。これは普遍的な現象なのだ。サン族のシャーマン、アマゾン・トゥカーノ族のシャーマン、シベリア・アルタイ族の聖者たちはみな、トランス状態に入る初期段階で内視現象を体験するとの報告もある。ドナルド・ヘッブの〈X-38計画〉に志願した、欧米の神経学的実験の被験者たちと同じように。

意識変容状態の経験には、もうひとつ普遍的なパターンがあり、それが人間と地下風景との関係の核心へと私たちを誘ってくれる。南アフリカ共和国の人類学者デイビッド・ルイス＝ウィリアムズが一九八〇年代の初め、トランス状態に入ったシャーマンが語った言葉からそのことに気がついた。世界各地のシャーマンは、儀式的な死を経験して霊的世界へ向かう意識変容状態において、もっとも深い段階へ沈んでいくとき、地面に開いた暗い穴――渦、もしくは地下へ続く扉――を通り抜けて下りていく感覚があると表明している。サン族のシャーマン、ディアクワインが「地面を通り抜けてはるか下へ旅した」と回想しているように、イヌイットのあるシャーマンは霊的世界に入る道筋について「地面を下へ通り抜ける道を旅し」、そこでは「体にぴったりの管を通り抜けていくように滑り落ちていく感じ」だったと語った。ペルー・コニボ族の聖職者たちは、木の根をたどって地面の下へ入っていったという。カナダ・アルゴンキアン族では、あるシャーマンが「魂の通路」を「地球のはらわたへ続く穴」と表現した。

現代の心理学にも、まったく同じ心象風景が出現する。意識変容状態の最深段階に入るとき、被験者たちは地面に開いた暗い通路を下降していくみたいだったという。UCLAの神経科学者ロナルド・シーゲルはある研究で、八タイプの幻視風景に関する五十八の報告にもっとも多く共通するのは、暗いトンネルを通り抜けていく感覚であることを突き止めた。たとえば、心臓発作を起こして救急車内で死亡が確認された人がのちに蘇生したという臨死体験の報告において、それは高い頻度で見られた。こういう患者はしばしば、トランス状態で儀式的な死を経験したシャーマンとほぼ同じ感覚を報告する。レイモンド・ムーディという精神科医は、一九七〇年代に著書が短期間ベストセラーになったが、その礎(いしずえ)になった研究で臨死体験について百五十人に聴き取りをした。被験者全員の報告でもっとも頻度が高かった感覚は、〝何かに引っ張られ、なんらかの暗い空間をものすごい勢いで通り抜けていく感じ〟だった。報告された類似の表現に、彼は〝洞窟、井戸、溝、囲い、トンネル、漏斗、真空、虚空、下水管〟というキーワードを挙げている。ある生還者は「体にぴったったりの」扉を通り抜けて旅をしたと証言した。「腕は体の横にあるようだった。頭から入り、周りは暗く、考えられるかぎりの真っ暗闇だった。私はそこを通って下へ向かった」

実際、〈マーテンズ洞窟〉に入る直前の午後、ウェストバージニア州で私を受け入れてくれたクレイグ・ホールがまさしくその体験を語っていた。車のバンパーに腰かけてブーツのひもを結びながら、私は「洞窟で一人過ごしたことは?」と尋ねた。

「いや、ない」彼は言った。「しかし、ときどき、他の洞窟探検家を洞窟の別のところへ送り出したあと、ライトを消して、洞窟の部屋でしばらく一人座ってみる」

「不思議な感じを経験したことは?」

「幻視のことか?」彼は言った。「いや、その類いは見たことがない」

私はうなずいて、ブーツのひもを結ぶ作業に戻った。

「ただ」クレイグは言った。「あれは死んだときの感じに似ている」

彼はいちど言葉を切った。

「二十代の頃、私は感染性単核球症にかかって何週間かベッドにいた。ある晩、他に言いようがないからこう言うが、私は死んだ。自分の姿が見えた。家族の姿が見えた。霊的存在の類いにも会った。しかし、追い返された。まだ私が死ぬべき時間ではなかったからだ。どのくらい長く意識を失っていたかはわからない。洞窟の暗闇にいるときは、あの夜と同じ感じがする」彼は一拍おいた。

「自分が肉体の外にいて、地球の内側を移動し、あらゆるものが同時に見えているような」

「人はみな、心に洞窟を持っている」私は声に出して一人そうつぶやき、彼らが暗闇の中を落ちていく感じを総括した。つまり、私たちの脳は、通常の意識を超える感覚が洞窟に入った感覚に近いと感じるように作られているということだ。〝洞窟は渦(ボルテックス)の霊的体験や地下世界へ入るのと同じ地形学的空間〟と、デイビッド・ルイス＝ウィリアムズは二〇〇二年の著書『洞窟の中の心』〔未邦訳〕に書いた。それは、いつからあるとも知れない人類文化にずっと響き渡ってきた木霊なのだ。遠い過去、私たちの祖先は心の中の扉について語った。心の暗い通路を通り抜けて死を経験し、日々の現実を超えた意識の平面に入り込んだ。地上の扉から岩の洞窟へ入り、松明の明かりで暗闇を照らして進み、地表の風景とは似ても似つかない、この世のものとは思えない環境を通り抜けていったと、彼らは語った。心象風景と物理的風景の物語が徐々に溶け合い、やがて区別がつかなくなり、心の扉と地上の扉がひとつになる。

世界じゅうの文化がこのような「扉」の物語を語ってきた。英雄たちは地表に開いた暗い通路をくぐって旅し、霊的世界に入って聖なる知恵を授けられ、地表へ戻ってきた。ピタゴラスがクレタ島の洞窟から黄泉(ハデス)の国へ旅したように、マヤ人やケルト人、古代ノース人〔ノルウェイのバイキング〕やナバホ族まで、世界中の文化的英雄が同じことをしている。イエス・キリストもまた、暗帯(ダークゾーン)を経由して地下世界へ下りた。聖書から除外された〝聖書外典〟のひとつ『ニコデモの福音書』の「地獄降下」で、イエスは自分の岩墓に閉じ込められていた。これが岩を転がして入口を封印した洞窟だったことを、私たちは思い出す。真っ暗な洞窟内でイエスは肉体を離れ、〈地獄〉の〝もっとも低い場所〟へ下りて死者たちに説教し、誤って幽閉されていた魂を解放する。イエスは地下世界から甦り、〈天〉へ昇っていった。

記録されている人類最古の物語のひとつ『ギルガメシュ叙事詩』は、四千万年前に粘土板に彫られた。これは地下へ向かう物語だ。ギルガメシュは永遠の命の秘密を知るため、彼岸へ旅をした。その最果てにたどり着くため、〝深みを見る男〟を意味するギルガメシュは長く暗いトンネルを通る。

……下へ、下へ、果てしなく
トンネルが導く深い闇を通り抜け
前も後ろもすべて漆黒の闇
右も左もすべて漆黒の闇

このトンネルには具体的な説明がなく、彼が地上に開いた暗い穴を通り抜けているのか、心の暗い通路を通り抜けているのかは判断がつかない。

洞窟やトンネル、地面に開いたどんな穴でも同じだが、その入口をのぞき込むたび、私たちはハッと気がつく。夢の中で、意識の縁で、この場所を見たことがある。その扉を通過した時点で、私たちは明瞭な地表世界をあとにし、直線的な連続性や通常の意識が立てる論理から撤退し、無意識という流動的な状態にすとんと入り込む。私たちは暗帯(ダークゾーン)でバイオリズムと向き合ったミッシェル・シフレであり、祖先の霊と語り合ったピタゴラスでもある。いずれにしても、私たちはふつうの現実という渦の外へ足を踏み出し、この世の縁を越えた先へ少しずつ近づいていく。

〈マーテンズ洞窟〉で過ごした最後の何時間か、私は暗闇に体を横たえ、鼻歌を口ずさみながら、洞窟内の見えない形が私の声の反響で明らかになるのを感じた。

じっとしていられなくなった私はブーツを脱いで立ち上がり、何も見えない状態で野営地の周辺に注意深く小さな何歩かを刻みはじめた。最初はすり足で、靴下を履いた指先をのたくらせながら洞窟の床を探るように進み、大きな岩を手探りして、これが幻覚でないことを確かめた。野営地を一周し、最初の経路をたどってもう一周するうちに、私の一歩一歩は最初ほど臆病でなく、わずかながら足を地面から持ち上げてもいた。そのあともう一周、また一周と周囲をめぐるうち、大股で暗闇に円を描いていた。

二十四時間の滞在を終えて洞窟を出たのは、午後七時前だった。峡谷の端に立ち、光の中で目をしばたたかせた。暗闇で開いていた瞳孔が元に戻り、視界の景色を見ているうちに、詩人のマーク・ストランドが〝世界が再度、元どおりに集まり直す〟と表現した状況が訪れた。ある洞窟探検家はかつて私に、洞窟にいるのは死んだ状態に似ているが、生まれる前の状態にも似ていると言った。私は今、その両方を感じていた。あの世からこの世へ戻ってきて、初めてこの世に入るかのように。

最後に、私はバッグを肩にかけ、歩いて森に入り、そこで光や空気、暖かさや鮮明さへの感謝の思いに改めて浸った。ストランドの詩の感極まった最終節が、心の静かな空間に木霊した。

ありがとう、誠実な状況よ！
ありがとう、世界！
街がまだそこにあり、
森がまだそこにあり、
家があり、車が行き交う音があり、
野原で雌牛たちが
ゆっくり草を食んでいることに
地球が回りつづけ
時間が止まらずにいて、
私たちが五体無事で戻ってきて
光ある世界の甘美なエキスを
思うさま吸っていることに

その都市の神々は
地下水流に水をあたえる黒い湖の
深みに住まうという。

イタロ・カルヴィーノ『見えない都市』

第9章

儀式

——雨を求め地下に下りたマヤ人

メキシコのユカタン半島はこの星でもっとも穴の多い場所かもしれない。洞窟や、岩の裂け目や路面に開いた大小の穴がそこかしこにあり、足もとに気をつけて歩かないと地中へ転落しかねない。夜、北極地方の人々が氷河の夢を見、ベドウィンが砂漠砂丘の夢を見るように、ユカタン半島の人々は心静かにしていると、気がつけば洞窟のことを考えている。

一九五九年九月十五日の午後、ホセ・ウンベルト・ゴメスという若い男性がそんな空洞のひとつ、バランカンチェーと呼ばれる密林の小さな洞窟へゆっくり向かっていた。ピラミッドが高くそびえ優雅な石造りの庭を備えた古代マヤ文明の都市チチェン・イッツァから何キロメートルか離れた森に、この洞窟は隠されていた。二十世紀の初めに人類学者が初めて記録した〈バランカンチェー洞窟〉は広く知られた洞窟ではなかったし、それまで何か注目すべき特徴があったわけでもなかった。じめじめした二、三の部屋に古代マヤ人の陶器の破片が少々と、大量に堆積したコウモリの糞があるくらいで、それ以外にこれと言ったものはなかった。

二十代前半のウンベルトは細く引き締まった体と明るい目の持ち主で、古代都市を訪れる人たちのガイドを生業にしていた。「マヤランド・ホテル」という森のホテルの運営を手伝っている祖母と暮らしていた。子どもの頃は毎朝馬に乗り、石造都市を建築したマヤ人を祖先とする人々が住むスカラコオプなどの密林の村と村をつなぐ道を駆け、この森へ通ったという。考古学者の手でまだ地図化されていない、鬱蒼とした密林の遺跡によじ登って日中を過ごし、そのあと帰って、祖母に自分の発見を報告した。十三歳になった頃、ホテルの庭師長で、森のどこにどんな溝があるかを知り尽くしていたベル・トゥンという年配のマヤ人から、密林に隠された洞窟の話を聞かされた。何年も前からその洞窟を訪れる人はいなくなっていたが、お前なら興味深いものを発見できるかもしれない、とベル・トゥンは言った。

〈バランカンチェー洞窟〉に初めて入ったとき、ウンベルト少年はクリスマスにホテルで集めた蝋燭で道を照らしていった。泥の中に一本、また一本と火を点けては差し、炎の揺らめく細い道をた

どって地下の暗帯（ダークゾーン）へ向かった。その日以来、彼はこの洞窟から不思議な磁力を感じるようになった。洞窟内に特別なものがあったわけではないが、何度もくり返しそこへ戻っていった。土を掘って古代の訪問者が置いていった遺物を探したり、そこに座って闇が皮膚に押し寄せてくるのを感じたりした。友達を連れていくこともあったが、みな自分が感じたものは感じないようだった。ウンベルトは人類学を学ぶために大学に進んだが、中途退学した。教室の外で暮らすほうが性に合っていると思ったからだ。森を放浪して遺跡を探し、自分の家以上に勝手知ったる洞窟を訪れる暮らしが恋しかった。

一九五九年のある午後、何百回と訪れた通路の奥で、それまで気がつかなかったところに目が留まった。泥に覆い隠されていた石の一角に、奇妙な色が見えた。泥をこそげ落とすと、古代都市の建築と同じ方式の煉瓦壁が出てきて、彼は啞然とした。煉瓦をナイフで叩いていくと、やがて刃が突き抜け、暗闇へ続くトンネルが現れた。胸をドキドキさせながら前へ這い進む。しばらくして、音が反響する大きな部屋に出た彼は、ハッと凍りついた。

部屋の中央からそびえる石柱は天井に到達し、天井と根元からも枝分かれしていて、巨木の大枝と地面に張った大きな根を連想させた。ぬるぬるした床を渡って柱の根元へ来たウンベルトがその先へ明かりを向けると、陶器の壺がひとつ見えた。その隣にもうひとつ。さらに何十もの物体があった。壺と香炉と飾り壺だ。いずれも鮮やかに色が塗られ、神様の顔が彫られていた。天井で分かれた柱の枝から水が滴り、壺の中やその周囲に落ちていく。ウンベルトはその場に立ち尽くしたまま、暗闇の中で水滴が奏でるパーカッションに耳を傾けた。この部屋に人が足を踏み入れるのは一万二千年ぶりのことだった。

発見のニュースが森を伝っていった。二、三日後、アメリカの考古学者の一団が洞窟に向かうと、入口にロムアルド・オーイルという男がやってきた。スカラコオプ村のシャーマンだ。彼は威厳ある目で考古学者たちを見据えた。陶器の壺などは、マヤの地下世界を支配するシバルバー〔冥界〕の神々に自分の先祖が供えたものだと、彼は説明した。封印された部屋を開けたことで、自分たちの理解が及ばない力を目覚めさせてしまったため、この空間を清める必要があるという。

オーイルは村の男の一団を連れて戻ってくると、全員で列になって洞窟に入り、石柱の周囲に集まった。儀式は二十九時間続いた。オーイルは十三羽の鶏と一羽の七面鳥を生贄に捧げ、樹脂のお香と野生ミツバチの巣から作られた黒い蝋燭に火をともし、木の皮と蜂蜜を発酵させて作るバルチェという神聖なワインを大量に飲んだ。時間が経つにつれて部屋の酸素が減少し、暗闇に煙が充満し、やがて呼吸するのも大変になってきた。シャーマンはジャガーの声に似せたしゃがれ声を発し、他の男たちは蛙のような甲高い声を発した。彼らは踊り、祈り、歌い、その声は大きくなって野生のコーラスと化した。儀式が終わると、オーイルと一団は地表へ向かい、真っ暗な空から雨が激しく叩きつける雷雨の大地へ姿を現した。

〈バランカンチェー洞窟〉の発見を報じる記事を初めて読んだとき、私はウンベルトの洞窟探検と自分が子どもの頃に探検したプロビデンスの地下トンネルを重ね合わせた。メキシコは密林、ニューイングランド地方は薄暗い道端と、風景こそ異なるが、二人とも、一見なんの変哲もない地下空間と親密な関係をはぐくんでいた。ウンベルトが見つけた古代の陶器の壺は天井から滴り落ちる水滴ともども、プロビデンスのトンネルの天井から落ちてくる水がバケツに当たりドラム演奏のような音が暗闇に反響していた私の記憶を呼び覚ました。己と地下との関係を長年意識し、自分なりに掘り下げてきた身として、〈バランカンチェー洞窟〉での発見がウンベルトの人生にどんな影響をあたえたか、彼から直接聞きたいと思った。

だが、〈バランカンチェー洞窟〉でウンベルトが発見したものはマヤ文化の洞窟崇拝を伝える小さな一点にすぎなかったことがわかると、彼のことはすぐ私の頭から離れていった。マヤ文化の領域は、ユカタン半島からその南のベリーズ、グアテマラ、ホンジュラス、エルサルバドルにまで及ぶ。

巨大な石灰石の洞窟から聖なる泉と呼ばれる水が満ちた陥没穴まで、無数のきら星のような洞窟に満ち、それらひとつひとつがシバルバーの地下世界へ通じる霊的な扉と信じられていた。ウンベルトの発見から数年のあいだに、考古学者は地下に下りて洞窟の暗帯に入るたび古代の捧げ物を見つけた。陶器の壺が二、三個とか、翡翠の破片やアカエイの背骨が少々ということもあったが、生贄にされたシカやジャガーやワニの残骸が出てくることも、人間の骸骨が見つかることもあった。洞窟によっては、暗闇の中に舗装された道路や、煉瓦と漆喰でできた寺院が丸ごと発見されることもあった。古代マヤ人は命の危険を承知で地下河川を泳ぎ、断崖絶壁を登り、窮屈な隙間を下りてたびたび捧げ物を運び入れた。

メソアメリカの密林で活動する考古学者たちから聴き取りを続けるうち、地下に強迫観念を持つ文化の全体像、そして、洞窟との関係に依存していた民族の姿が見えてきた。マヤ人は洞窟の近くに都市を築き、寺院の壁に洞窟の像を彫り、陶器の壺に洞窟の絵を描いた。彼らはダンスを踊り、洞窟の歌をうたった。マヤの複雑な象形文字で、頻出度がもっとも高い字は〝洞窟〟を表すものだ。マヤの創世神話『ポポル・ブフ』では、シバルバーの地下世界へ下りていく二人の兄弟〈双子の英雄〉の物語が語られる。マヤ人は日中、洞窟の前で礼拝を行い、夕べに洞窟の話を語り、夜に洞窟の夢を見る人たちだった。

「ここの下は地下世界のメッカよ」ある日の午後、考古学者のホーリー・モイーズが電話で私に言った。カリフォルニア大学マーセド校で教鞭を執りながら、密林での二十年を過ごしてきた。コウモリの糞が積もった狭間を這い進み、岩の天井にヘルメットをぶつけながら、マヤの洞窟で行われる儀式を映像に記録してきた。同僚たちからは〈暗帯の女王〉と呼ばれている。

彼女の研究対象はマヤにとどまらない。当人から聞いたところでは、洞窟が世界の伝統文化に果たしてきた役割について、民族誌学的かつ考古学的な研究を何年も掘り進めてきた。二〇一二年、彼女は『聖なる暗黒――洞窟を使った儀式に関する世界的視点』〔未邦訳〕という本を上梓し、現代から約十万年前の旧石器時代まで、六つの大陸にまたがる五十以上の文化の洞窟との関係についてまとめ上げた。この星のあらゆる場所、歴史のあらゆる時点で、普遍的と言っても過言でない宗教的慣習が地下で行われてきた証拠を、彼女は提示した。

それを知った瞬間、既視感を得た。通りで肩が触れ合った人が、なぜか古い友人のように思えて仕方がないあの感覚だ。私は自分が何年もかけて世界中を旅し、人間と地下の結びつきを記録してきたことを説明した。私たち二人には闇を恐れながらも、謎めいた衝動に突き動かされて地中へ下りずにいられないという共通点があることにも触れた。ホーリーは受話器の向こうで少しのあいだ黙り込み、そのあと大笑いした。

「ぜひ密林へ来てもらいたいわ」彼女は言った。「話したいことがたくさんあるから」

メキシコ湾に集まった熱帯低気圧のせいで暗雲が渦を巻いていた八月のある午後、ホーリーはベリーズ最大の都市ベリーズシティの空港で私を迎えてくれた。五十代半ばで、肩まである鳶色の髪と表情豊かな明るい目が印象的な女性だった。

「少し埃が立つけど辛抱してね」と彼女は言い、乗ってきたジープをあごで示した。泥の大樽に浸されてきたような汚れようだ。

車は海岸から西へ一三〇キロメートル、サンイグナシオという内陸熱帯雨林の小さな町へ向かった。雨季のため、カーブが出てくるたび茶色く泡立つ川を渡り、オレンジ色の泥波を蹴り上げるはめになった。ベリーズで二十年にわたり実地調査をしてきたホーリーは現地人のように土地を知り尽くしていたが、この地勢の残忍さになかなか慣れないという。銃を持った略奪者から発掘現場を守り、森でジャガーの小便を嗅ぎ分け、地元のシャーマンたちと交渉して神聖な場所に近づく許可を取り、水浸しになった森の道路からトラックを掘り出し、蛇や吸血コウモリやサソリ、命に関わるシャーガス病を媒介する〝サシガメ〟を避けて、どうにかこうにかやってきたのだと、ホーリーは語った。

深い森の中、巨大なエメラルドグリーンの丘陵を縫うように進んでいくと、次第に空気が涼しくなってきた。風景を見渡せば、森のあちこちに古代マヤ人の暮らしの痕跡があった。マヤ文明の最盛期とされる西暦二五〇年から九五〇年頃、ここには世界でも指折りの大都市があり、数十万人が暮らしていた。ティカル、コパン、パランケといった都市は、山腹を切り開いた段々畑からの収穫で栄えた。雨季に栄えたこの土地で、マヤ人は乾季に備えて貯水槽網を建設した。そして、何世紀ものあいだ豊かに暮らしていた。数学を発達させ、驚くべき芸術作品を創り出した。木々の上空にまでそびえる威厳に満ちたピラミッドや華麗な装飾がほどこされた石造りの寺院を建て、壮大な石柱（ステラ）を設置し、神聖な王たちの歴史を彫った。だが、あらゆる文明の例に漏れず、マヤ人も滅亡した。九世紀頃、メソアメリカは深刻な旱魃（かんばつ）に見舞われた。穀物栽培にとって頼みの綱の雨が降らなくなり、都市は住民を支えられなくなった。飢餓が始まり、数百万人が命を落とした。

「状況がどんどん絶望的になってくると」車内でホーリーが話してくれた。「彼らは洞窟に執着した。暗帯（ダークゾーン）へ乗り込むしかない、とね」翌朝は〝水晶の地下墓所〟を意味する〈アクトゥン・トゥニチル・ムクナル洞窟〉を訪ねる予定だった。ホーリーがベリーズで研究した最初の洞窟だ。彼女はそこで初めて、古代の暗帯（ダークゾーン）で儀式が行われていた証拠を目にしたという。

低く垂れこめた水銀色の空の下、ホーリーと私はサンイグナシオから東に八〇キロメートルほどの〈タピル山自然保護区〉を歩いていた。アダムとイブの堕罪（だざい）以前の深い密林には、じっとりした濃厚な空気が漂い、いたるところに苔の匂いがした。壁のように横に張り出した巨大な根を踏み越え、腰の高さまである川を渡った。木の下に生える草や低木をイグアナたちがすばやく走り抜け、頭上の木々からはフウキンチョウとオオハシのさえずりが聞こえた。遠くに打楽器を打ち鳴らすようなホエザルたちの声が響いている。ほどなく草木の壁を通り抜けると、眼下にぽっかり開いた洞窟の入口が見えた。砂時計のような形をした穴の上縁から植物の蔓が垂れていた。入口の奥から川が流れ出し、苔むした大きな岩と岩の間を流れ落ちていく。

「マヤ人は彼らの芸術作品に、洞窟を、怪物の口のように描いたの」ホーリーが入口の上の縁から突き出ている鍾乳石を指差した。「歯まであるでしょう」

彼女は一拍おいて、「膣にも似ている」と言った。

大きな岩のひとつから半透明な緑色の水面へ飛び下りると、点描画法のように見える小魚たちの魚影がすばやく移動した。平泳ぎで洞窟の入口を通ると、光が薄れ、そのあとすとんと漆黒の闇が降りた。流れに逆らって進み、ぬるぬるした岩をよじ登り、渦の中へ飛び込み、水がザーザーと勢いよく流れる箇所で体をよじりながら鍵穴形の狭間を通り抜けた。ホーリーは一九八六年にイギリスのアマチュア洞窟探検家が場所を特定したあと、この洞窟を初めて研究した考古学者の一人だった。彼女は大きな岩と岩の狭間を、体が覚えているとばかりにすいすい進んでいった。まるで踊り込んだダンスのステップを再現しているかのように。

入口から八〇〇メートルほど奥へ入ったところで岸へ向かい、岩棚の上に体を引き上げた。ホーリーの指

示でブーツを脱ぐ。靴下だけの足で抜き足差し足、洞窟中央の部屋へ入っていくと、そこは、きらきら光る鍾乳石と石筍、床から天井まで届く木の幹ほどに太い巨大な何本かの柱に囲まれていた。ヘッドランプの光ですばやく部屋を見まわし、思わず息を呑んだ。黒とまばゆいオレンジ色に塗られた古代の陶器の壺が、床に何百と散らばっていた。ビーチボールくらいの大きさで、何世紀にもわたり方解石〔石灰岩の主成分で鍾乳石や石筍を形成〕の結晶が成長し、その場に接着されているものもあった。その狭間に石の道具や、翡翠と黒曜石の破片、犬の形の石笛など動物をかたどった小さな像が散在している。

「これらの遺物は全部、九世紀のもの」ホーリーが言った。「旱魃に見舞われた時期よ」

洞窟の壁に設置された鉄の梯子を上って、部屋の上の狭い窪みに入った。「そこに彼女がいる」とホーリーが言い、岩棚の上で低く身をかがめた。私たちが見ていたのは人間の骸骨だった——二十歳の女性だという。

「私たちは〈水晶の乙女〉と呼んでいる」と、ホーリーは言った。私はごくりと唾を飲み込んだ。仰向けで大の字になっている。肋骨は方解石に覆われ、一度見たら忘れられそうにない水晶めいたきらめきを放っていた。骸骨の関節は完全につながっていたが、下あごが開いて少し斜めになった顔には、凍りついた微笑が浮かんでいるかのようだった。

「副葬品がないでしょう」ホーリーが単調な声で言った。「埋葬されたものではないということよ」

ここにある骸骨は〈水晶の乙女〉だけではなかった。彼女の向こう側もたくさん転がっていた。全部で十四体。巨大な石筍の足もとには若い男性の残骸がふたつあった。どちらも首を刎(は)ねられていて、なかば解体された形で方解石に覆われていた。その近くに四十代の男の骸骨があり、これはこめかみを棍棒で一撃されていた。私たちは犠牲者たちの上に体をかがめ、ひとつまたひとつとつぶさに見ていった。なかには幼児の亡骸(なきがら)もあり、小さな骨の山となって暗い裂け目に収まっていた。

どれも、シバルバーへの捧げ物として生贄にされた人たちだ。

「シバルバーは」ホーリーが暗闇に身をかがめて言った。「私たちが考える〈地獄〉とはちがっていた」

〝恐怖の場所〟を意味するシバルバーは、マヤ人にとって抽象的な場所ではなかった。手で触れられる現実の場所、地図上で指を差せる場所だった。森を歩けばシバルバーの匂いがし、低いとどろきや反響する音が聞こえ、奥からそよ風が吹き上がってくるのがわかる。

聖なる泉（セノーテ）の岩の開口部や洞窟の入口から下りて暗帯（ダークゾーン）にそっと踏み入ると、そこはもうシバルバーの内側だ。この世から切り離された領域で、霊魂や神々や荒々しい力の持ち主と向き合うことになる。

マヤ人とシバルバーの結びつきは理屈抜きの一種独特なもので、曖昧さに満ちていた。創世神話『ポポル・ブフ』のなかでシバルバーへ下りた双子のフンアフプーとシュバランケーは、恐怖の空間が集まる入り組んだ場所を進んでいった。炎が逆巻く部屋、複数の短剣が突き立った部屋、複数のジャガーが徘徊する部屋。進むたびに、双子はシバルバーの王たち、すなわち、地上世界に日々病（やまい）と荒廃の災いをもたらしていた〈七つの死〉〈膿（うみ）の親方〉〈黄疸（おうだん）の親方〉〈生き血集め〉〈刺し殺し名人〉と呼ばれる不快な生き物の一団と戦う。しかし、地下世界に劣らず奇っ怪だったのは、シバルバーに依存していたマヤ人だ。彼らはシバルバーなしでは生きられなかった。雨の神チャクがシバルバーのそばで暮らしていたからだ。チャクは衝動的な性格を持つ荒ぶる神で、稲妻を振りかざしては森の上に雷鳴を放つ。しかし、雨をあたえてくれる神でもあり、雨なしでマヤ人は生き延びることができなかった。

チャクを満足させて雨を降らせてもらえるよう、マヤ人は何世紀ものあいだ洞窟の入口に贈り物を捧げてきた。恐るおそる地下へ進み、しかしかならず光が届くところにとどまって、暗帯（ダークゾーン）から安全な距離を保ちつつ、陶器の壺と神聖なジュートカタツムリの殻を捧げてきた。何世紀もチャクはこの贈り物に満足していた。毎年、乾季が終わり植え付けの季節が始まると、神は雨を運んでくれ、穀物は育ち、マヤ人は繁栄した。

ところが、突然チャクは彼らを見捨てた。八世紀と九世紀、マヤ人には理解しがたいなんらかの理由で雨の神は地下の隠れ処にこもり、姿を見せようとしなくなった。雨が降らなくなり、段々畑の作物は枯れた。マヤ人は先祖に繁栄をもたらした儀式を、それでもしばらく根気よく続け、壺とジュートカタツムリの殻をせっせと洞窟の入口へ運んだ。だが、チャクは微動だにしない。マヤ人はもっと豪勢な贈り物にしようと、大量の壺とカタツムリの殻を運び、ときには生贄にしたばかりの動物を洞窟の入口に捧げた。それでも、チャクからの答えはなかった。都市の子どもたちは飢え、人々は故郷を捨てて北へ移住しようとまで口にした。やがて彼らは死に物狂いになった。最後にひとつだけ、チャクを喜ばせて好意を取り戻すための希望があった。彼らはシバルバーへ旅し、神自身の領土で神に対面すべく暗闇の中へと踏み込んだ。

ホーリーと私が入った千二百年前、マヤ人の小さな行列が〈アクトゥン・トゥニチル・ムクナル洞窟〉の入口を通り抜けた。彼らは散光が届くぎりぎりまで進んだ。震えながら、

つかの間ためらったあと、断崖の縁から足を踏み出すかのように、意を決して前へ進んだ。彼らは聖職者で、鳥の羽をあしらった盛装に身を包んでいた。体は痩せ細り、顔には緊張の色が浮かんでいた。トウモロコシを詰め込んだ壺を担ぎ、炊くといい香りがするコパルという樹脂の塊と砥石を運んでいった。一人の腰の鞘には黒曜石の剣が収まっていた。一行の真ん中に一人、二十歳の女性がいて、彼女は川の水に首まで浸かりながら無言で歩いていた。

彼らは一列でゆっくり上流へ進んでゆく。燃える松明が煙といっしょに暗闇に光を投げかけていた。口を開く者はない。用心深く、恐怖におののきながら一歩ずつ足を進めていく。森のあらゆる住人と同じく、彼らは子どものころからシバルバーの話を聞かされ、あるいは聞かせてきたが、これは物語ではなく現実だった。汗をかいている石壁に指を触れ、松明の光に揺れる岩の先端部の影を見ながら、息が詰まりそうな暗闇を通り抜けていく。水中をすばやく移動するアルビノの魚がちらっと見え、頭上からコウモリの羽ばたくさざ波のような音がした。川の前方に石が落ちてその音が暗闇に反響すると、全員が緊張した。それでも彼らは前進を続けた。隠れ処から出てくるように雨の神を説得できる可能性があるとしたら、それはこの暗闇への旅しかない。

洞窟の入口から八〇〇メートルくらい進んだところで、聖職者たちは川から上がって大きな部屋に入り、そびえ立つ鍾乳石と石筍に松明の光を定めた。そしてチャクへの贈り物を捧げた。肩から壺を下ろし、石の上にトウモロコシをばらまく。儀式の準備にあたって、神聖なコパルに火をともした。香り高い煙がうねりながら部屋に立ち上っていくと、彼らは祈り言を詠唱しはじめ、暗闇のなか腕を持ち上げて、若い女性の周りに集まった。聖職者が鞘から黒曜石の剣を抜き、大きく振りかぶる。詠唱の声が大きくなり、鍾乳石の間に響き渡った瞬間、剣がさっと振り下ろされた。

ホーリーと私はブーツを履き直し、岩の土手を慎重に下りて、少しずつ川の中へ戻っていった。平泳ぎでゆっくり川下へ向かいはじめると、周囲の川面に水がポタポタ落ちてきた。

〈アクトゥン・トゥニチル・ムクナル洞窟〉の暗帯（ダークゾーン）で行われた儀式は珍しいものではなかった、とホーリーは言う。この十年で考古学者たちは、古代マヤ文明の全領域にわたって洞窟の暗帯（ダークゾーン）で発見された捧げ物の年代を記録してきた。あらゆる陶器の壺、あらゆる石の道具、生贄にされたあらゆる人間の骨が、旱魃期のものだった。アクトゥン・トゥニチル・ムクナルから歩いて一日の〈チェチェム・ハ洞窟〉で、ホーリーは暗帯（ダークゾーン）にまっすぐ立てて置かれた石碑を発見した。周囲を陶器の壺と火を燃やした跡が取り囲んでいて、どちらも九世紀のものと判明した。つい最近、彼女が近接する〈ラス・クエバス〉〔スペイン語で洞窟〕という別の洞窟で発掘を行っていたところ、精巧な儀式用の壇と階段の集まりが見つかった。やはり旱魃期にマヤ人の手で造られたものだった。「この周辺だけじゃないの。どこもかしこもよ」と、彼女は言った。〈バランカンチェー洞窟〉の隠された部屋でウンベルトが発見した捧げ物も九世紀のものだった。陶器の壺には雨の神のゆがんだ顔が彫られていた。「つまり、大規模な集団的儀式が森全体で行われていたということね」

二人とも口を開くことなく、肩を水に洗われながら川の下流へ漂っていった。私はホーリーの言葉に考えをめぐらせていた。するとひとつの情景がゆっくりと浮かび上がった。

最初は暗い輪郭だけだったが、やがて鮮明になってきて、細かなところまで見えてきた。頭にこびりついて離れそうにない、異様な情景だった。何千人もの巡礼者が見えた。もっとも絶望的な時期、マヤの領域全体に散らばっていた人々だ。全員が巨大な体の一部であるかのように動いていた。木々の影のように歩いて森を通っていく。やがて彼らは千の異なる洞窟の入口に行き着いた。薄明帯（トワイライトゾーン）につかのま身をかがめ、いっせいに息を吸って暗闇へ向かいはじめる。巡礼者たちは地下の奥深くで踊り、祈り、歌い、性質の異なる声が暗闇でひとつになって高まった。彼らは運び入れた翡翠と黒曜石の捧げ物を置き、生贄を供え、動物の臓物を取り除き、湿った石の床に成人の男女と子どもたちの血をばらまいた。単なる野蛮な暴力性や黙示録的な残酷さを超えたもの、並外れた信仰と献身の表れとして目の前でくり広げられる集団儀式に、私は驚嘆した。迫りくる死におののき雨をもたらす地下世界の神の力を頼りにした文明の姿が、そこに集約されていた。

永遠の闇と鈍いとどろきの中に封じ込められたこれらの部屋は、神聖な魔力を持つ場所であり、マヤ人はそこに現実を形成し直す力があると信じていたのだ。

川を漂いながら、自分たちよりはるか昔にこの通路を渡ったあらゆる行列のことを考えた。文字どおりの闇を用心深く進み、壁に反響するさざ波の音に耳を傾けた人々のことを。そして、ふと思考が薄らいだとき、不思議なことが起こった。水と空気と私の皮膚の温度が同化してきて、やがて三つの物質形態の区別がつかなくなった。気がつくと体の力が抜けて水の流れに身をゆだねていた。

自分の体の境界が消えていき、自分の皮膚がどこで終わり洞窟がどこで終わっているのか、区別がつかなくなった。

その夜、ホーリーと私は、調査基地の裏手に置かれたピクニックテーブルに腰を下ろしていた。夜気は湿っぽく、雨樋の虫除け（シトロネラ）キャンドルが私たちの顔にオレンジ色の光を投げていた。二人でこの日の洞窟探検について語り、マヤ人の足取りを追うことにどんな意味があるのか、何が彼らを暗闇に引き寄せ、また私たちをも引き寄せたのかに考えをめぐらせた。

「私たちには神聖なものが必要なの」とホーリーは言い、ゆっくりと水を口にした。「私たちみんなに、神もしくは神々を探し求めたい欲望がある。霊魂、魔力、どう呼んでもかまわないけれど。これは人間に生来備わった性質なのよ」

〝人間は生まれつき宗教的な動物である〟と、十八世紀の哲学者エドマンド・バークは書いた。以来、人類学や歴史学において、なんの宗教も見て取れない社会が見つかったためしはない。今日の進化生物学者や神学者、認知科学者で、霊的衝動は生まれながらにして人間に刻み込まれた性質であることを否定する人はまずいない。百八十万年前から二十万年前とされるホモサピエンスの出現期から、私たちは、動物王国の他のメンバーが持ちえなかった思考形成能力の源泉、つまり、強力な新皮質に覆われた脳を持っていた。なぜ自分は存在するのかと考えを凝らし、不可視の思想を伝え、触知や目視ができない次元との関係を構築した。そして、莫大な量のエネルギーと資源を信仰に捧げた。神々や霊魂を称えるために詩的な祈りを創作し、儀式用の踊りを考案し、先祖のために墓を守り、天に達する尖塔を備えた寺院を建設し、地中に地下霊安室（クリプト）を造った。自分自身より大きなものと結びつきたいという欲望こそ〝人間を人間たらしめる性質ではないか〟と、イギリスの宗教学者カレン・アームストロングは言う。

　最初に私たちの祖先を地下へ引き寄せたのは、この衝動だった。おぼろげな先史時代、彼らは霊的世界と連絡を取るべく洞窟の暗闇に乗り込んだ。古代文化の世界観では、洞窟環境こそが現世に存在する霊的次元だった。地下へ行くことは、肉体を持ったままあの世の内側へ足を踏み入れることに他ならない。サン族が言う「目に見えるこの世の向こうにある世界」へ。マヤ人が〈アクトゥン・トゥニチル・ムクナル洞窟〉でしたように、私たちの祖先は超自然的な力を呼び集めるために、世界各地の暗闇で聖なる儀式を行った。

「この伝統ははるか昔にさかのぼるものなの」ホーリーはスペイン北部のアタプエルカ山脈にある洞窟の話をしてくれた。その暗帯（ダークゾーン）の最深部、深さ一二メートルの地底に人骨が散らばっているのを、考古学者チームが発見した。〈骨の洞窟（シマ・デ・ロス・ウエソス）〉の呼び名で有名になったこの場所には、六十万年前から四十三万年前のあいだと推定される旧人類の遺骸が二十体あった。現在のホモサピエンスが出現するずっと前のものだ。この骨の間に見つかったのが、きらきら光る赤い珪岩（クォーツァイト）の握斧（あくふ）だ。はるか遠方からもたらされる珍しい石で、この握斧が特別なものだった証だ。考古学者たちは〈エクスカリバー〉〔聖剣〕と呼んだ。宗教的行為を示す人類最古の証であり、来世への旅を称える古代の暗帯（ダークゾーン）の儀式で使われたものだと、多くの研究者が信じている。

現代の西洋では、もはや人々はこうした形で世界と結びついてはいない。私たちは啓蒙時代を経た産業社会、科学と工学技術の民であり、理性と合理性に基づいて現実を受け止めている。デカルトやスピノザら啓蒙思想家が最初に執筆してからの何百年かで、欧米の文化は着実に非宗教的な度合いを強めてきた。近代以前の祖先が宗教的信仰に人生のすべてを捧げていたのに対し、今日の私たちは宗教を、一般的な世界のとらえ方とは異なる独特の領域を占めるものと見ている。宗教学者のミルチャ・エリアーデは〝現代の人間は宗教を忘れた〟と書いた。

洞窟の入口から地下へ下りるとき、私たちの理性的な心は、現世を離れて霊的世界に入っていくのだとは思っていない。しかしそれでも、本当にそう信じていた人たちがかつてたどった道に歩調を合わせてみる。祖先と同じ足場を正確になぞり、体をかがめ、這い進み、祖先と同じ角度で体をひねり、自分の声が反響する音を聞き、自分の息が祖先の息と同じように石壁に当たるのを感じてみる。暗闇への途上、私たちは無意識のうちに祖先の儀式を反復し、ときには古代の振り付けを踊りきる。祖先と同じ体と心を持つ私たちが、彼らと同じ感覚を体験し、同じ困惑や不安や刺激を覚える。欧米の科学者が何世紀かにわたって磨いてきた物理法則の知識によって、このような感覚はバイオリズムの変化や、神経系のさまざまな部位の活性化あるいは抑制がもたらしたものだと理性的な心は解釈するだろう。それでも、意識の深い地層、合理的な意識の下で何かが震えているのを感じ取る。「洞窟の暗闇に入ったとき、私たちの中で何かがシフトするのは間違いない。他ではできない形で世界と向き合い、世界と関わり合うことができるのよ」と、ホーリーは言った。

宗教の進化で〝失われたものはひとつもない〟と、社会学者のロバート・ベラーは書いた。歴史の流れの中で私たちは新しい価値観や信条を蓄積してきたが、祖先の信仰の基本的構造が消えることはなく、頭の奥にそのまましまわれている。洞窟との結びつきは人間に普遍的なものであり、最深部に彫り込まれた原初の宗教的伝統と言って過言でない——つまり、今に至るまで長い影を落としているものだ。私たちが自分のことをどれほど現代的で文明化した賢明な存在と考えようと、洞窟へ下りれば原始的なざわめきを覚える。古代の記憶がふっと甦り、より直感的な動物モードに立ち返る。合理性と科学と経験論をもてはやしたひと握りの世紀は、本能と進化の過程で刷り込まれた条件付けの数十万年に及ぶ歴史にあっさり撃退される。洞窟の暗闇の中では〝自分の魂が宗教的不安に駆られるのを感じざるを得ない〟とセネカは言う。どんなに理性的で、唯物論的で、強硬な無神論者でも、地下の暗帯（ダークゾーン）へ下りたときは声をひそめる——意識下で畏怖と無限と神秘を感じ、そこが神聖な場所であることを理解する。今日の私たちは洞窟の暗帯（ダークゾーン）で聖なる儀式を営まず、もはやそこで詠唱されたかつての祈りを知らないかもしれないが、今も心の奥でその木霊が響いている——いにしえの世界観は今も私たちの中にしっかり根を張っている。〝原初の夢を導き、包み込む形式を目の前にしていることに私たちは気づく〟と、哲学者のガストン・バシュラールは書いた。

「こういうものはみんな、一夜にして消えてしまうものではないの」

暗闇の中、ホーリーの顔を微笑がよぎった。私たちが祖先のように大空や天球を論じることはもうないが、哲学者のアンリ・ルフェーブルが書いたように、〝魔力や超自然的な力を持つ存在、地中や地下（死者の国）と結びつく悪意・善意の神々、男性・女性の神々に満ちた〟強力な場所としての地下に対する信仰を、捨てたわけではない。〝どれも儀式や典礼の形式主義に陥りがちではあるが〟と、ルフェーブルは言い添えている。

フランス南西部では、毎年六百万人のキリスト教徒がルルドへ巡礼を行い、行列のあとに続いて、ある若い女性が聖母マリアの出現に居合わせた小さな洞窟の暗がりへ向かう。アイルランドでは毎年、神様が聖パトリックに洞窟を示した場所を歩き回るために何千人もの巡礼者がダーグ湖のステーション島を訪れる。ヨーロッパの教会ではおおむねどこでも、ミサのとき人々がひざまずく信者席の真下には、古代に地中の神秘を称えた秘密の部屋が無傷のまま隠されている。

何十万年にもわたり、私たちと地下との生々しく複雑怪奇な結びつきは衰えることがなかった。これからも決して衰えることはないだろう。私たちは世界の埋もれた場所が放つ静かな輝きを常に感じるだろう。それは人を寄せつけないこともあれば、人の心を虜にすることもあるが、私たちが目を背けることは決してない。作家のジョージ・スタイナーは〝世界の構造の中にある隠された超越的存在〟の話を書いた。地下世界こそがその存在なのだ。祖先たちがそうだったように、私たちは常に、自分より偉大な何かに手を触れるため、秩序立った現実の向こうにたどり着きたいという静かな欲望によって地下へ引き寄せられる。松明の明かりで洞窟の奥へ入り込む旧石器時代の狩猟採集者、カタコンブをさまようパリの都市探検家、通りに開いたマンホールをいつまでものぞいているニューヨークの歩行者――根っこの深い部分で、彼らはすべて同じ基本的な願望に駆られている。

ホーリーにおやすみを告げたあと、私は調査基地の二段ベッドに上がり、しばし横たわった。窓のそばで、丘から吹いてくるそよ風の吐息に耳を傾けながら、ゆっくり思考をめぐらせた。この何年かで探検をともにした地下愛好家（カタフィル）や、私が敬服した歴史上の偉人たちは、形はさまざまでも超越を探究する人ばかりだった。暗帯（ダークゾーン）でバイオリズムと向き合ったミッシェル・シフレ。都市のはらわたの中で秘密の芸術作品（アートワーク）を創ったREVS。並行する次元へ掘り進もうとするかのように自宅の下に穴を掘ったウィリアム・リトル。地底に生命を探し求めようとしたジョン・クリーブス・シムズ。パリの不可視層を写真にとらえたナダール。都市の下の静かな暗闇で古代水路の通路を歩いたスティーブ・ダンカン。彼らはみな神秘的な謎を探し、手近な現実の地平を超えた何かとの接触を求めて地下へ潜入した。私はこの夜、これら探究者の先人であり、この世とあの世の間に舞い下りて目に見えないものを見たヘルメスに思いを馳せながら眠りに落ちた。

ベリーズを発った私は、轍のついた長い道を北へ向かった。夜行バスとがたがた揺れるミニバン、ホルヘという老齢の男性が運転するステーションワゴンを乗り継いでメキシコとの国境を越え、洞窟の多いユカタン半島へたどり着いた。

そこである午後、〈バランカンチェー洞窟〉の入口で、私はホセ・ウンベルト・ゴメスと向かい合わせに座っていた。彼は七十代になっていたが、洞窟を這い進んだ若い頃の写真と変わらない気がした。肩幅は狭く、身なりにこだわり、ポンパドールにまとめた髪には一分の隙もない。

「子どもの頃、いま私たちがいるここに座って、多くの時間を過ごした」目に静かな温かみを湛えて、彼は言った。後ろには洞窟の入口があった。かつては野生のシダの下に隠れていたが、今は訪れる人たちのために整備され、舗装された石段が鉄の扉まで続いている。

私はウンベルトに会いにきた理由を説明し、子どもの頃、近所の地下で発見したトンネルに思いがけず強い親近感を抱いた話をした。トンネルの暗闇に並べられたバケツの祭壇を発見し、天井から落ちてくる水滴がドラムの音を奏でていたこと。そのトンネルが自分の心に強い印象を残し、何年もかけてその理由を理解しようとしてきたこと。

「わかる」とウンベルトは言い、控えめな笑い声をあげた。

「私はこの場所を自分の家のようによく知っていた」彼は言った。「あの日、壁を突き破ったことは、自分の家の内側に隠された部屋を発見したようなものだった。私にとっては、あれで数多くの状況が変わった」

ウンベルトによれば、森の全域でマヤの村人たちが彼のことを噂しはじめたという。若い男が地下世界へ旅し、そこで隠された部屋を明らかにし、強力な祖先の霊と接触して、五体無事で地表へ戻ってきたらしい。神に選ばれ、常人には見えないものを見る力を授けられたのだ。村人たちはウンベルトを呼び寄せ、自分たちでは怖くて訪れることができない密林の洞窟を調べてほしいと頼み込んだ。「お前ならできる」と、彼らは言った。

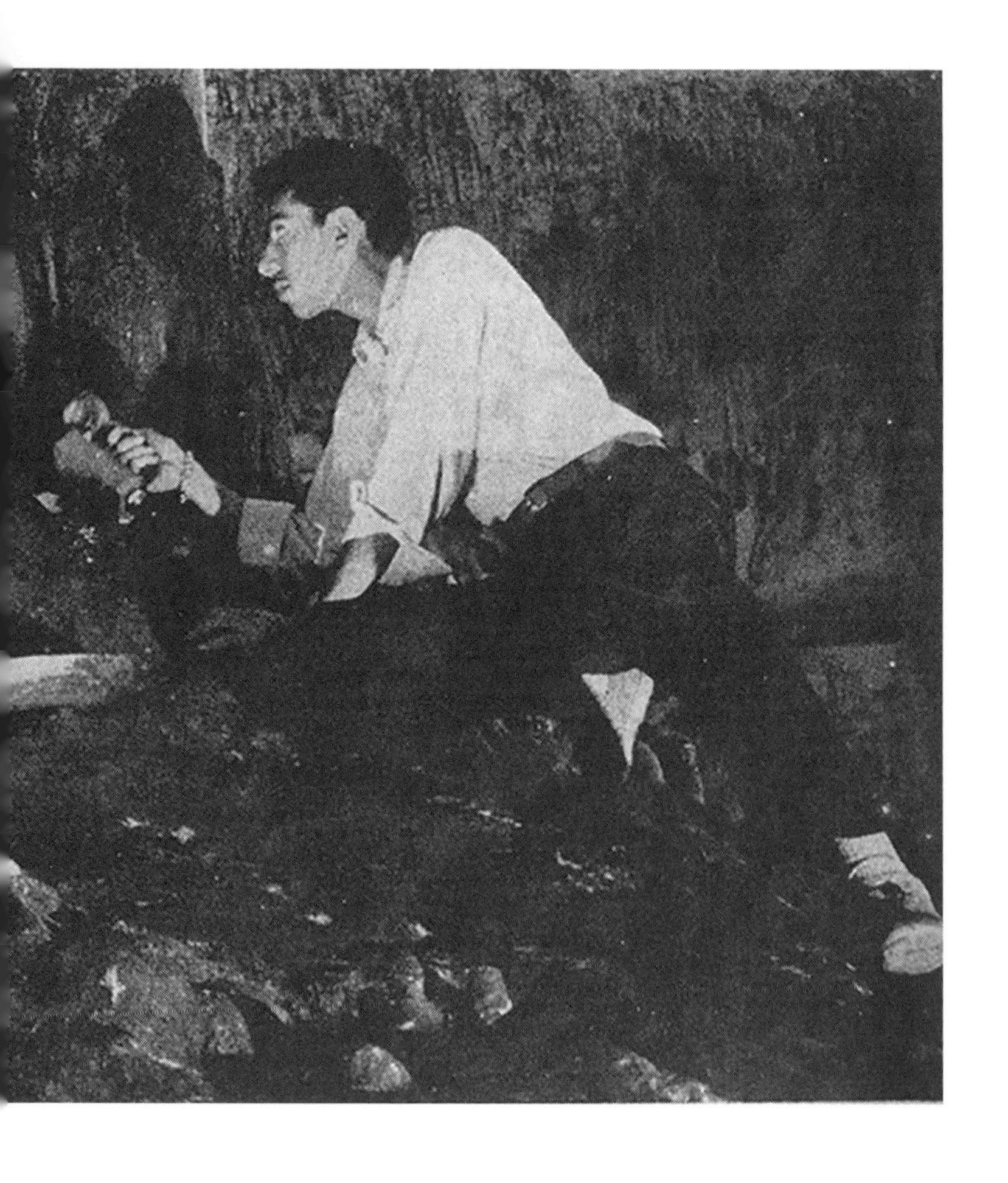

ウンベルトは一種の洞窟探偵になった。村から村へ移動し、懐中電灯を手に暗闇を探検し、わかったことを村人たちに伝えた。

「自分が地下世界に潜入するとは思わなかった」ウンベルトは言った。「霊的変容をするとも思わなかった。そういうことは信じていなかった。しかし、ある意味……」

彼はいちど言葉を切った。「ここを発見した当時、私は若かった。妻もいなければ、恋人もいなかった。二、三の場所を行き来していただけだ。私の世界はとても小さなものだった」と彼は指を丸めて拳を握った。「あの壁を突き破ったとき、いろんな状況が開かれた」そう言いながら、こんどは手を開いて見せる。「あの隠された部屋が存在したのなら、他にも発見すべき場所がある。いろんなことが可能に思えた」

発見後、ウンベルトは案内人(ガイド)の仕事に戻ったが、彼を取り巻く状況は変わった。滅びた密林の都市へ多くの訪問者を案内し、ピラミッドの石段を上がり、ともに静かな石庭へ入った。しかし、今は訪問者に、ゆっくり行って、長い時間いて、間近で見てきてほしいと思っている。これらの空間には、すぐには姿を現さない隠された次元があるからだ。歴史と神話と生々しい感覚が詰まった宇宙全体が。「みんなに、目で見えるものの向こうを見てほしかった」と、ウンベルトは言った。

私と彼は日陰に座って黙り込み、羽音をたてる虫たちのコーラスに耳を傾けた。すると突然ウンベルトが立ち上がり、〈バランカンチェー洞窟〉の扉を引き開けて、地下へ続く暗い通路を示し、行けと身ぶりを送った。

「私はもう、洞窟の中には行かない」空気が濃密で湿っているからだと彼は説明した。歳を取るにつれ、地下へ行くと呼吸が苦しくなってきたのだという。

私はあらがおうとしたが、手を振る仕草で退けられた。「行け」と、彼は命じた。

入口を通って下の暗闇へ向かい、滑りやすい石の床を軽く踏みしめた。ウンベルトが半世紀前に煉瓦の壁を突き通した開口部を通り抜ける。

どんどん下へ行くと、周りの空気が湿気でどんよりと重くなってきて、やがて足もとにいくつもの靄がうねってきた。洞窟の心臓部に入り、古木のようにそびえ立つ巨大な石柱の前で足を止めた。節くれだった枝が頭上に広がっていた。柱の足もとには、何十年も前にウンベルトが初めて遭遇したときのまま、陶器の壺が配置されていた。天井から滴り落ちた水が壺の周りでたてる柔らかな音を聞いていると、プロビデンスの地下トンネルでバケツの祭壇の前にいるような心地がした。あの日、自分の体を駆け抜けた稲妻に思いを馳せ、ずっと昔にウンベルトの体を駆け抜けた稲妻を想像した。旧石器時代から今日まで、洞窟やカタコンブ、墓所やトンネルへ下りて暗闇で同じ稲妻を感じたであろう、世界じゅうの無数の人々に思いを馳せた。

〝私は生まれてからずっとひとつの鐘だったのに、持ち上げられて打たれるまでそのことを知らなかった〟と、アメリカの随想家アニー・ディラードは書いている。

私たちの中の何かが衰えたのだ。世界に対する感性が硬直した西洋人の私たちは、自然界のある種の曖昧な手触りに無感覚になり、哲学者のデイビッド・エイブラムが〝大地の歌と叫びと仕草〟と呼ぶものに鈍感になった。私はここまで長い年月をかけて、アボリジニの歌の一節からマドレーヌ人の隠された儀式、ラコタ族の創世神話に至るまで、根源的な祖先の伝統をかき分け、私たちが原初の人間の状態からどれほど遠ざかっているか、自分のもっとも深いところにある本能と衝動にどれほど目を背けてきたかを理解してきた。人間と地下の結びつきの中にこそ、昔ながらの方法が生き残っている。地下の暗闇の中では、失われた記憶がゴロゴロ音をたてて覚醒する。私たちはやわになった。おだやかさに魅かれ、おだやかさに慣れきっている。世界に驚かされ、戸惑い、畏敬の念を抱く能力を取り戻そう。アン・カーソンが〝魂の吸気弁は開かれている〟と書いたように。地下は祖先の最古の夢をそのまま維持し、知識や記憶をまとう以前の世界に私たちの心を開かせる。E・E・カミングスの言葉にあるように、それが私たちを〝根っこの根っこ、つぼみのつぼみ〟へと導き直す。

測りがたい謎に敬意を払うことを、地下は教えてくれる。私たちは照明に満ちた世界に暮らし、あらゆる秘密を投光照明で照らし出し、暗闇を残らず一掃しようとする。闇が一種の害虫であるかのように。地下空間と結びつくなかで、私たちは未知なるものへの疑念を持たず、のべつ幕なしに何もかもを暴き出すべきではないことを学ぶ。常に裂け目が存在し、常に盲点があることを受け入れられるよう、地下は私たちを導いてくれる。人間は呪術的思考や夢の階段や迷子の状態に影響されやすい、無秩序で不合理な生き物であり、それが素晴らしい贈り物であることを、地下は思い出させてくれる。祖先がずっと知っていたこと、つまり、未来永劫語られざるものと見えざるものにこそ力と美が在ることを、地下は教えてくれるのだ。

私は巡礼者として地下へ来たわけではなく、神の使いをめざしたわけでも、聖なる知恵を取り戻しにきたわけでもなかった。しかし、暗闇を引っかき回すうち、自分の周囲で世界が変化してきた。巨大な折り紙のように、世界が曲がったり折れたり広がったりしていくさまを感じた。現実は中身の詰まった頑丈なものではなく、むしろがらんどうなのだと知った。私たちが日々の暮らしで見て触れる有形の表面は数多くの層のひとつにすぎず、それ以外の層はどれもベールに包まれている。かつてスティーブ・ダンカンはニューヨークを、震えながら刻々と変化する巨大な有機体で、私たちにはそのほんの一部しか見えていないと形容したが、私はまさしくそんな世界を体験した。あらゆる風景が、私たちには検出できない活力と潜在力に満ちた〝実体のない〟景色に見えてきた。

この世界には言葉にしがたいものが縫い合わされている。闇と心おだやかに同席し、実証主義的な観念と幻想的なるものの間に横たわる多様な思考様式を受け入れる術を、地下は私に教えてくれた。聖なるものに後ずさりせず、それと向き合って、真っ向から見据えることを教えてくれた。私は神と邂逅した。それは雲の合間から声をとどろかせる神との対話ではなく、隠されているものを受け入れ、目には見えなくてもそこに宿った力を感じずにはいられない、ある種の暗い空洞を受け入れる、という意味で。

今日、世界各地を移動しながら、私は足もとの空間の存在を常に意識するようになった。そのたびに、私たち人間がどれだけの謎に包まれているかを思う。どれだけの現実が私たちの認識から抜け落ちているか、この世界が私たちの認識を超えたどんな深みにまで続いているか思い知る。私をこれほど生き生きとさせ、希望と神の愛で満たしてくれるものは他にない。

聖職者で環境学者のトーマス・ベリーはかつて、世界の真実と意味を探し求めて生きていく人々のことをこう評した。〝心の奥にかすかなメロディが聴こえるが、それを自ら奏でられるほどはっきりとは聴き取れない音楽家のようなもの〟

地下の暗闇で、私はそのかすかなメロディに耳を傾けることを覚え、とうてい奏でることができない美しい世界が無数にあることを知った。

謝辞

ダンテは地下世界へ下り、幾層にも重なった円（リング）を通って最下層のコキュートス（嘆きの川）にたどり着くまで、古代ローマの大詩人ウェルギリウスに導かれていった。彼の存在なくしてあの旅は不可能だっただろう。私も記事と本書の執筆に費やした何年かで、運よく〈ウェルギリウス軍団〉とでも呼ぶべき人々に出会うことができた。彼らに不思議な地下風景を案内してもらい、深夜の激励を受け、拙（つたな）い原稿を読んでもらい、大小さまざまな刺激をもらった。彼らの存在なくして本書は存在しなかっただろう。

時間と労力を惜しまず私を地下へ導いてくれた探検家、科学者、芸術家のみなさんに感謝したい。神聖な空間や立ち入りが制限されている土地、慎重な扱いを要する場所へも多々導いてもらった。アッター先生は私の人生行路を変えるトンネルを紹介してくれた。スティーブ・ダンカンはニューヨーク地下の導師だ。都会の地下を写した素晴らしい作品を数多く提供してくれた。本書に掲載している写真以外にもたくさんの作品をundercity.org.で見ることができる。ラッセルはいつも深夜のトンネル走行に積極的だった。パリのカタコンブを紹介してくれ、あるときは地下の発煙弾を撃退してくれたギレス・トーマスに感謝したい。サンフォード地下研究施設（SURF）とNASAの〈地下生命体〉チームの面々は地下深部で私の安全を守ってくれた。シーナ・ベア・イーグルはブラックヒルズ山脈で寛容にも時間を割いてくれた。一族の歴史を分けあたえ、カンガルーのシチューを振る舞ってくれたコリン・ハムレットと彼の家族に心から感謝している。クリス・ニコラはあちこちに私を紹介し、暗闇に関する数多くの質問に応じてくれた。マリア・アレハンドラ・ペレスは洞窟探検家の気まぐれなどを理解するのに力を貸してくれた。バイソン像まで連れていってくれたロベール・ベグエンに感謝の意を表したい。REVSの数多い弟子たちはニューヨークの街じゅうにヒントとパンくずをまいてくれた。思い出を語ってくれたホセ・ウンベルト・ゴメスに、また暗帯（ダークゾーン）の魔法が見えるよう手を差し伸べてくれたホーリー・モイーズにも感謝したい。

電話の問い合わせに応じ、数々の質問に答え、人を紹介し、知恵を授け、カウチを勧め、さまざまな支援を提供してくれた以下の方々にも恩義を感じている。クレイグ・ホール、ティキ・ホール、ウォルター・シンケル、レイナ・サベージ、フィリップ・ジョーンズ、ビッキー・ウィントン、レイチェル・ポペルカ＝フィルコフ、リック・デイビーズ、ポール・テイソン、アンドレアス・パストゥール、ジャン・クロット、マーガレット・ゲイツ、ジャズ・マンデラ、リズ・ラッシュ、クリス・モフェット、ペネロープ・ボストン、ジャン・アメンド、ケイトリン・カサール、ブリタニー・

クルーガー、ドウェイン・モーザー、トム・リーガン、〈フランス写真協会〉、ハチェット、ラザル、キャット、セレナ・マクマーン、ギレルモ・デ・アンダ、キャロリン・ボイド、デレク・フォード、ケイティ・パーラ、ヘンリー・チャルファント、ユリア・ウスティノバ、アドリアーノ・モラビート、エマ・バイセルフィロフ、モスコーヒテ、ボリス、ローマン、ジョン・ロンジーノ、NPO〈ベルリン地下世界〉、ミッシェル・シフレ、クリスティアン・ログナント、ジョシュア・ホロウィッツ、ステファン・ケンペ、E・J・オルブライト、クリスティアン・マルモルシュテイン、ジェニー・シューラー、ガス・ジェイコブズ、トムとフランのジェイコブ夫妻、リーナ・ミシツィス、ナタリー・レイエス、テイラー・スペリー、レイチェル・ヨーダー、ディーク・ウィーバー、チバーゴ・ダンカン、キャロ・クラーク、シエラ・ディスモア。

出版界では、新聞記事に挿入された私の名前を見て、それ以来関係を結んでくれた代理人（エージェント）のスチュアート・クリチェフスキーに感謝したい。今回のプロジェクトに揺るぎない信頼を置き、長い道のりで数多くのこぶを円満かつ巧みに取り除いてくれた手腕に感謝している。舞台裏で力添えをいただいたロス・ハリス、ローラ・ウッセルマン他〈SKエージェンシー〉のみなさんにも感謝したい。ランダムハウス社の多くの方に恩義を感じている。特に本書の企画を軌道に乗せてくれたジュリー・グラウに感謝を。アニー・チャグノット、モンフェイ・チェンはじめ、辛抱強く本書を持ち上げてゴールを切らせてくれた制作・デザインチームの仕事に感謝している。ジェニー・プーシュは数多くの写真に使用許可を取得する大変な仕事を引き受けてくれた。サマンサ・ワインバーグ、ターシャ・エイヘンゼーハー、ディアドレ・フォーリー＝メンデルスゾーンのお三方はそれぞれインテリジェント・ライフ誌、ディスカバー誌、パリ・レビュー・デイリー誌に掲載された記事を本書中で編集してくれた。近隣からだけでなく、英雄的レベルで編集上の支援と心の支えと宇宙的博愛を提供してくれた遠方の作家、友人、師匠たちの輪がなかったら、本書はみすぼらしい失敗に終わっていた。文章をじょうずに書く方法を教えてくれた方々、特にキャサリン・リード、ステイシー・カッサリーノ、クリス・ショー、スケトゥ・メータ、ロブ・ボイントン、ケイティ・ロイフィ、テッド・コノバーに感謝する。私の共謀者マット・ウルフは毒が回りそうなひどい原稿を誰よりたくさん読み、かならず辛抱強く、賢明に、豊かな洞察力で助言をくれた。ロブ・ムーア、クリス・ナップ、エリアナ・カンのお三方は本書の一部、とりわけ土壇場で、切望していた化粧直しをほどこしてくれた。アメリア・ショーンベック、ニコル・パスルカ、コーディ・アプトン、ヘザー・ロジャーズ、レオ・ロジャーズは編集作業と応援と慰めをあたえ、ブルックリンじゅうのリビングと台所から力を結集してくれた。リズ・フロックからはウイスキー・ベースの励ましをいただいた。エリー・ガーは物語の編み方を懇切丁寧に教えてくれた。アレグラ・コリエルは私に支柱を立てさせ、頭を正常に保たせ、原稿に耳を傾け、私の話が退屈なときはそう教えてくれた。感謝している。

　ニューヨーク大学パブリックナレッジ研究所からは蔵書特権と本書を完成させる場所をいただいた。〈マクダウェル・コロニー〉からは森の中で考え事をする場所をいただいた。〈ニューヨーク芸術財団〉は研究調査に資金を提供してくださった。いちばん最初の地下探検に私を送り出し、私と世界との関係に道を開いてくれた素晴らしき〈トーマス・J・ワトソン財団〉がなかったら、本書は存在していないだろう。

最後に、私の家族に感謝と愛の波を。姉と義兄であるラインとタイラーのラグルズ夫妻と、いつか本書を読んでくれるであろう甥のヘンリー・ラグルズ。道のりの至るところで私を支えてくれた祖母キャロル・ハントと、父ピーター・ハント、母ベツィ・ハント。そして、驚嘆すべき妻アイサに、感謝を。

訳者あとがき

ウィル・ハント著『地下世界をめぐる冒険――闇に隠された人類史』（原題 Underground : A Human History of the Worlds Beneath Our Feet 二〇一九年、シュピーゲル&グラウ社刊）をお届けする。

十六歳で近所の地下トンネルに入って以来、地下世界の虜になり、何かに取り憑かれたように冒険をくり返してきた著者の、半生をかけた探検記である。自分の心を惹きつけてやまないこの「地下」とは何なのか、答えが見つからないまま、彼はニューヨークを皮切りに世界の地下を旅し、やがてその奥深さに気づきはじめる。

太古の昔から人間と地下には不可分の関係があった。すべての文明・文化のあらゆる人間活動にその痕跡が残っている。地下や洞窟で暗闇に包まれたとき襲われる不安や恐怖は、人類共通の感覚だ。進化と自然淘汰の過程で生物としてのヒトの脳に刻み込まれてきた記憶や衝動を、著者はひとつひとつ掘り起こしていく。みずから地下へ赴き、神話や創世の物語を読み解き、哲学者や文学者の言葉に触れ、多重的・多角的な視点で「地下世界」へと切り込んでいった先に見えてきたものとは……。

本書を構成する九つの章はどれも、私の個人的体験を呼び覚まし、揺り起こすものばかりだった。真っ暗な空間を前にしたときの戦慄。そこでふと湧き上がる、奇妙な好奇心。道に迷ったとき感じる、なんとも言えない心細さ。感覚喪失と平常心の消失。未知の世界（地底）への漠としたあこがれ。彼岸と此岸の境界。地下にまつわる神話や伝説。つまり、「思い当たるふし」が満載なのだ。

私が生まれてからずっと自分の中に取り込んで咀嚼（そしゃく）し、消化して紡ぎ上げてきた言葉の体系にも、「地下」から連想されるキーワードがどっさりストックされている。「闇」「影」「迷路」「迷宮」「暗黒」「神秘」「謎」「儀式」……。

原初の記憶として刷り込まれているのは〝光あるところに影がある〟というフレーズかもしれない。有名なテレビアニメ冒頭のナレーションだが、サブリミナル的に脳細胞に刻み込まれている気がする。「迷宮入り」という言葉にも、ぞくりとする。警察小説や刑事ドラマで使われる意味を超えた、「深い感覚」を想像してしまうのだ。本書にもそれと同じように、先々まで脳に焼き付けられそうな言葉やフレーズがいくつも散りばめられていた。お気に入りをひとつだけ挙げれば、「私たちはみな、心に洞窟を持っている」か。

訳出中、脳の奥底を引っかかれるような感覚に断続的に見舞われた。生理学的実験や神経学的実験の紹介でその理由を明らかにしてくれた箇所もあったが、深く想像を致す以外に認知の術がない「霊的世界への招待」めいたエピソードもあった。「地球生命地下発生説」や「無性に穴を掘りたくなる衝動」などは自分にとって新しい情報で、目を開かれる思いがした。

ウィル・ハントは博学の人らしく、文学、哲学、神話、芸術、人類学、考古学、博物学、生物学、生理学、神経医学など、ありったけの知見と視点を総動員して「地下」と向き合っている。ダンテ、ユーゴー、ジュール・ヴェルヌ、エドガー・アラン・ポーら文学者、プラトン、ピタゴラスら哲学者、ダ・ヴィンチら芸術家と地下との関係をひも解くくだりは、じつに興味深かった。彼らの地下体験や彼らの発した言葉もふんだんに紹介されていて、先人たちの世界認識について貴重な収穫を得られた気がした。

さて、本書はウィル・ハントにとって初の著書である。現在ニューヨーク大学パブリックナレッジ研究所で客員研究員を務め、ニューヨーク芸術財団などいくつもの機関から奨学金、補助金を得て地下研究にいそしんでいる彼だが、生年月日、学歴をはじめプロフィールの大半は伏せられている。出生地についても、本書の内容から米国・ロードアイランド州という推察は可能だが、確認には至らなかった。また、「狩りをする」「意志探し」などとも読める著者名（Will Hunt）も、果たして本名なのだろうかとあらぬ想像を誘う。本書をお読みになった方はこの匿名性の理由を察し、にやりとされるにちがいない。そんなところも、本書を大いに気に入っている理由だ。この博学の冒険者から、さらなる著作が生まれることを期待してやまない。

本書訳出にあたっては、翻訳家の宇野葉子さんにご協力をいただいた。ここに記して感謝したい。訳出上、参考に（もしくは引用）させていただいた書籍を以下に挙げておく。翻訳界の先人たちが積み重ねてきた仕事に、改めて畏敬の念を抱く機会となった。

棚橋志行

参考文献

・ウォルト・ホイットマン『草の葉』（杉木喬、鍋島能弘、酒本雅之訳・岩波文庫）
・ガストン・バシュラール『空間の詩学』（岩村行雄訳・ちくま学芸文庫）
・ヴィクトル・ユゴー『レ・ミゼラブル』（辻昶訳・潮出版社）
・シェイマス・ヒーニー「ものの奥を見る」（『シェイマス・ヒーニー全詩集』より、村田辰夫、杉野徹、坂本完春、薬師川虹一訳・国文社）
・ジュール・ヴェルヌ『地底旅行』（朝比奈弘治訳・岩波書店）
・ヘロドトス『歴史』（松平千秋訳・岩波文庫）
・トーマス・ゴールド『未知なる地底高熱生物圏――生命起源説をぬりかえる』（丸武志訳・大月書店）
・セネカ「自然研究Ⅰ」（『セネカ哲学全集3』より、土屋睦廣訳・岩波書店）

p.151 .... 裏庭の水素爆弾シェルターの入口, courtesy of the Library of Congress
p.153 .... 撮影ウィル・ハント
p.154 .... (上)撮影ウィル・ハント、(下)Brandi Goodlett
p.157 .... (右)撮影ウィル・ハント、(左)蟻の巣の鋳型とウォルター・R・シンケル, photograph by Charles F. Badland, E28
p.159 .... ナガアリ属の一種, ジョン・ロンギーノ提供
p.165 .... 撮影スティーブ・ダンカン
p.166 .... 撮影ウィル・ハント
p.173 .... バウマンの洞窟, courtesy of Landesarchiv Sachsen-Anhalt, H66, Nr. 952
p.174 .... 2羽のガンの足に蝋燭を取り付けたヨーゼフ・ナーゲル, Cod. 7854 fol. 83r, second image on tabula 21, courtesy of The Austrian National Library, Vienna
p.176 .... 「洞窟」:洞窟学会の紀要と回想録より
p.180 .... 撮影ウィル・ハント
p.185 .... 迷路に迷い込んだ男をあしらったアメリカ先住民族の伝統的な編み籠 © Sigpoggy/ Shutterstock
p.191 .... 撮影マシュー・リトワック
p.193 .... Photograph © Becki Fuller
p.195 .... Photograph © Becki Fuller
p.203 .... テュク・ドドゥベール洞窟の入口, courtesy of Robert Bégouën
p.205 .... ラ・マドレーヌ岩陰遺跡の「体をなめるバイソン」(象牙), 10 cm, Les Eyzies National Museum
p.210 .... テュク・ドドゥベール洞窟のバイソン像, courtesy of Robert Bégouën
p.225 .... スカラッソン洞窟での実験後、地上に引き上げられたミッシェル・シフレ
p.226 .... 『地下世界から出現するピタゴラス』サルヴァトール・ローザ © Kimball Art Museum
p.230 .... 撮影ウィル・ハント
p.232 .... 撮影ウィル・ハント
p.237 .... 長時間の視覚遮断がもたらす脳内風景:Space_2 Wolken_SW (foggy clouds), Lichtpunkte (light spots), © Marietta Schwarz
p.239 .... カラハリ砂漠に住むサン族のトランス・ダンス, photograph B. and R. Clauss for Kalahari Peoples Fund
p.250 .... 撮影ウィル・ハント
p.253 .... バランカンチェー洞窟 © Brendan Bombaci
p.256 .... バランカンチェー洞窟——エドワード・ウィリス・アンドルーズ著 *Balancanche: Throne of the Tiger Priest* より, courtesy of Middle American Research Institute, Tulane University
p.261 .... アクトゥン・トゥニチル・ムクナル洞窟の入口 © Jad Davenport/ National Geographic Creative/Alamy StockPhoto
p.263 .... アクトゥン・トゥニチル・ムクナル洞窟の「水晶の乙女」/Jad Davenport/National Geographic Creative/Alamy StockPhoto
p.265 .... ホーリー・モイーズ提供
p.276-277 ... ホセ・ウンベルト・ゴメス(アーゴシー誌記事「トルテカ族の至宝」〔pp.28-33, 1961.4〕より)

図版解説・出典

p.19............『天翔けるマーキュリー〔ギリシャ・ヘルメス神〕』ジョバンニ・ダ・ボローニャ/1954, © akg-images
p.22............撮影スティーブ・ダンカン
p.27............撮影ウィル・ハント
p.30............撮影スティーブ・ダンカン
p.33............アトランティック街の下を走るトンネルにて ©ボブ・ダイアモンド
p.34............撮影スティーブ・ダンカン
p.37............ギュスターヴ・ドレ作
p.43............ロードアイランド州プロビデンスのイーストサイド鉄道トンネル © Ryan Ademan
p.47............地図『パリとその周辺』1878年, courtesy of the Library of Congress
p.53............撮影スティーブ・ダンカン
p.55............撮影スティーブ・ダンカン
p.59............『頭蓋骨の山』フェリックス・ナダール, courtesy of the J. Paul Getty Museum
p.60............カタコンブ・ドゥ・パリ, フェリックス・ナダール/Bibliothèque nationale de France
p.69............マルセイユのトンネル工事情景(1885年頃), フェリックス・ナダール, courtesy of the Getty's Open Content Program
p.70............パリの下水道, フェリックス・ナダール/Bibliothèque nationale de France
p.71............パリの下水道(1870年)/Fotolibra
p.73............撮影スティーブ・ダンカン
p.81............地下微生物, courtesy of Greg Wanger and Gordon Southam
p.84............アメリカ先住民ピーガン族の野営地(1900年頃), エドワード・S・カーティス, courtesy of the Library of Congress
p.91............ホライモリ © Wild Wonders of Europe/ Hodalic/Nature Picture Library/Alamy photo
p.97............撮影ウィル・ハント
p.100...........『トルテカ‐チチメカ族史』の絵図/Bibliothèque nationale de France
p.103...........オグララ・ラコタ族のノー・フレッシュ酋長/The Denver Public Library, Western History Collection
p.110...........坑道の神エル・ティオに供物を捧げる坑夫, Cerro Rico Potosi, Bolivia, © Bert de Ruiter/Alamy
p.111...........ウィルギー・ミアで赤黄土を掘るアボリジニ(1910年頃), W. H. Kretchmar, image courtesy Western Australian Museum (DA-3948)
p.115...........ウィルギー・ミアのコリン・ハムレット/Weld Range, © Vanessa Hunter/Newspix
p.121...........撮影ウィル・ハント
p.124...........撮影ウィル・ハント
p.125...........撮影ウィル・ハント
p.131...........撮影ウィル・ハント
p.140...........ハックニーのもぐら男 © Sarah Lee/Eyevine/Redux
p.143...........デリンクユの地下都市, courtesy of Yasir999
p.144...........撮影ウィル・ハント
p.147...........撮影ウィル・ハント
p.148...........James G. Gehling/Falamy
p.149...........ハキリアリにより地中に広がる真菌培養物 © Rune Midtgaard 2009

ウィル・ハント WILL HUNT

アメリカ出身。雑誌社の記者を経てノンフィクション作家に。ニューヨーク大学パブリックナレッジ研究所客員研究員。トーマス・J・ワトソン財団、ニューヨーク芸術財団、ブレッド・ローフ作家協議会、マクダウェル・コロニーから奨学金および補助金を授与される。本書が初の著書。

棚橋志行 SHIKO TANAHASHI

一九六〇年三重県生まれ。東京外国語大学英米語学科卒。出版社勤務を経て英米語翻訳家に。バラク・オバマ『合衆国再生――大いなる希望を抱いて』、キース・リチャーズ『ライフ――キース・リチャーズ自伝』、マイク・タイソン『真相――マイク・タイソン自伝』、ジェフ・パッサン『豪腕――使い捨てされる15億ドルの商品』、ジョシュ・グロス『アリ対猪木――アメリカから見た世界格闘史の特異点』、マシュー・ポリー『ブルース・リー伝』他、訳書多数。

地下世界をめぐる冒険
闇に隠された人類史

亜紀書房翻訳ノンフィクション・シリーズ Ⅲ-12

二〇二〇年九月四日 第一版第一刷 発行

著者 ウィル・ハント
訳者 棚橋志行

発行所 株式会社亜紀書房
〒一〇一-〇〇五一
東京都千代田区神田神保町一-三二
電話 〇三(五二八〇)〇二六一
http://www.akishobo.com
振替 00100-9-144037

印刷所 株式会社トライ
http://www.try-sky.com

装画 まいまい堂
装丁 APRON(植草可純、前田歩来)

ISBN978-4-7505-1659-2